ModeMen

Découvrez les basiques du vestiaire masculin
et apprenez à les coordonner

ModeMen
法国男人这么装

绅士穿搭法则

[法] 朱利安·斯卡维尼 著

盛柏 译

Découvrez les basiques du vestiaire masculin
et apprenez à les coordonner

目　录

前　言

　　在本书中，有一位叫安托万的年轻小伙子将一直伴随您。他是一名即将毕业的大学生，以后可能从事与法律、金融、管理或者是艺术史有关的工作。有一件事情是确定的，他现在即将迈入社会，开始自己的职业生涯。而此时，他需要有合适的举止和容易被他人接受的衣着。就穿衣之道而言，内敛优雅是一回事儿，而过于严谨正规可是另一回事儿。在过去的几十年里，还不乏有能够教给儿子优雅的穿衣之道的父亲，但是在当下这种亲子行为是越来越少了。所以这本书在此的目的就是为了能够在衣着方面帮助您做出好的选择。

　　穿衣应该遵循一些规矩，营造风格和经典不应该被看做是一项艰苦的劳动和痛苦的实践。其实与此正相反！我们通过接下来的各个章节所展现的基本的穿衣原则，是要让大家看到另外的一番结果——在面对同样的简单的服饰元素的时候——我们可以按照您的品味自由搭配。优雅和经典不是约束我们的枷锁，而是能让您的生活朝着好的方向逐步简化的总体原则。

　　您将在阅读这本书的过程中发现男士衣柜里那些必不可少的搭配元素。那些最基本、最简单的款式才是能够让您自由搭配、随意混合的基础。请记住一个原则：快乐是应该被放在第一位的！而对于穿衣搭配之道的遵从（展现穿衣之道，而又能有自己的创新之处）也同样能够成为一门艺术。因为，穿着本身就是一门艺术！

　　这本书还应该被看做是一张照片，是二十一世纪初男士衣柜里的所有元素组成的一张瞬间快照。照片陈列出男士可以穿戴的不同种类的衣服，无论是在他的工作之中还是休闲之时。

　　让我们重新回到安托万这里来，穿着他的帽衫和厚厚的篮球鞋，他应该知道这是周六晚上去酒吧的理想装备，但绝不适用于工作场合。正确得体的穿着，就好比是给自己创建了一张令人过目不忘的名片。

或者,正如伊夫·圣·罗兰所说的:"当我们穿得好的时候,什么都有可能发生。一件好衣服,是幸福的通行证。"

诚然,安托万需要几年的时间才能在众多的衣服中穿出经典与品质。有时候他也会弄错,但是对于一个初学者来说,在品味和尺寸方面有些困惑不足为奇。他也许喜欢那些日常的普通衣服,会为了不那么引人注意而最终选择较为简单或者一件多用的款式。这些都是很正常的,因为这些想法您也会有的,因此,安托万的经历也许会给您启迪。

衬　衫

　　对安托万而言，为了他在企业里即将开始的第一份实习工作，当务之急就是将他的 T 恤衫和运动衬衫搁置在一边，换上正式的衬衫，使自己看起来更加"商务"一些。通过衬衫，安托万完成了穿衣风格的转变。可以说，通过一件重要的服饰元素来完成一个风格的跨越，这的确是一个比较简单的方法。也因此，我们会在大型百货公司的衬衫专区发现为数众多的生产厂商、各不相同的款式和面料。那么，我们该如何做选择呢？

关于衬衫的简单介绍

衬衫也许可以称得上是二十一世纪的标志性服装。如果研究一下过去几个世纪的服饰流行历史，我们可以看到最强烈、最持续的运动是一种"剥离"。男人和女人都逐渐脱下繁复的衣服，演化的规律一直如此。同样地，衬衫，其前身是紧身内衣，但如今在男上的衣橱里几乎（和它的兄弟马球衫 polo 一起）被委以了最主要的角色。

现代版的衬衫出现在文艺复兴时期（尽管有一些古代埃及的款式也影响到了现代的设计），最初做衬衫的面料是亚麻或者丝绸。坦白地讲，最早的衬衫都是松松垮垮的，在男士的服饰里也不处于主要地位。当时的衬衫领子甚至要用一种皱领①掩盖住，袖口也要用花边掩饰（当时只有贵族穿衬衫）。在那个时候，睡衣也是一个比较私密的词。这个词源自"Cama"，是古伊比利亚语"床"的意思。也有一些人认为，这个词跟意大利语的"camera"更为接近，意指"房间"。

有一件事情是确定的，衬衫历史悠久，从十九世纪开始它就成为一件必需品，衬衫的袖口和领子也逐渐显露出来。衬衫被约定俗成为贵族身份的一种标志是由法国人开始的。这段历史和夏尔凡（Charvet）②有关系，夏尔凡是 1838 年在旺多姆广场上成立的一家著名的衬衫店。正是在这里，英国国王爱德华七世为了自己的穿衣需要开了一间衬衫店，并把法语的"衬衫店"（chemisier）一词引入英语，代替了原来的"shirtmaker"而成为贵族奢华的代名词。由于受到时尚的冲击，夏尔凡为了使衣服更贴近身体的线条、不再是宽松肥大的长袍，而开始着手进行现代化的改良。

时至今日，衬衫早已摆脱了最早穿着时的腼腆，现在它可以自在地被搭配和展示，有时候还可以作为一件单独的上装来穿着。如果说外套是属于二十世纪的衣服，那么衬衫一定是属于二十一世纪的！

有关于衬衫的那些简单特征，我们将在后文中作出详细的说明。

---

① 译者注，皱领，十六、十七世纪的皱领，男女皆可戴。
② 译者注，夏尔凡 1838 年立于巴黎，是法国顶级衬衫品牌，顾客多为国王、皇室和政要，跻身世界最贵衬衫行列。

生产的秘密

制作衬衫的这个职业是最不出收益的职业之一！这就是为什么手工衬衣制造者的数量一直会有逐年减少的趋势。现在,除了在几个欧洲大国的首都还能找到手工的制衣作坊,比如巴黎的夏尔凡裁缝店或者库尔度(Courtot)裁缝店之外,手工衬衫作坊已经所剩无几了。究其原因,首先,用剪子要裁剪的布料很精细、很珍贵,同样也很难缝制(缝衣针在棉质布料里是不太容易走针的)。其次,布料大部分是白色的,这就要求手工作坊和工人的双手都要时刻保持洁净。最后,缝制的过程是极其细碎的,这也让制衣的工作异常艰辛。如今,纺织工业克服了上述的诸多困难,可以生产较多廉价的产品,但是品质上可能低劣一些。

为了做一件衬衫,需要准备布料、线、钮扣(最理想的是有珠光的贝壳材质)和衬里布。衬里可以让领子和袖口比较坚挺。按照惯例,衬里(实际上采用比较多的是坚硬又厚实的帆布、珀克林或者是专门的硬挺织物)是插入到领子和袖口中的(领子和袖口都是双层的),它们虽然被缝在夹层里,但留出了一定的余地,好像处于"浮动"状态。袖口和领子保持了原有布料的灵活性,可以让人自由活动。现代技术可以借助不同的树脂粘合衬里,但做出的效果是不大一样的。如果对该方法掌握得不太好,或者做出来的质量不太好的话,那么衣服经过几次洗涤,表面上就容易出现水泡,像热胶合的布一样一旦磨损就脱落了。

有关织物的问题,材料的可选择范围越来越小。棉质的占绝大多数份额,如果不用棉质的布料,用的较多的则是合成材料。合成的材料在吸汗方面不尽如人意,尽管生产商们反复论说,也无法改变这一点。除此之外,人们也找到了亚麻(夏天极其凉爽)或者真丝(比较昂贵)。与此同时,麻纤维布和其他的材质,比如竹制的材料现在也被运用。而在冬天,维耶勒法兰绒(viyella)也出现了,它是一种羊毛和棉的混合材料。

不同的装饰图案

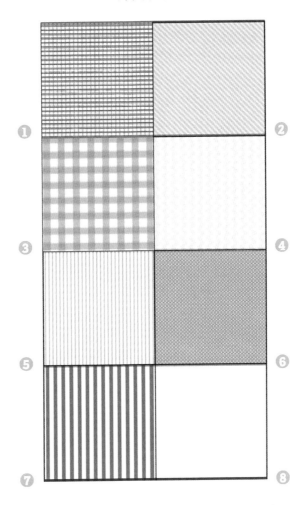

从左到右，从上到下依次是：

❶ 塔特萨尔方格图案（各种水平和竖直的线相互交错，颜色多变，多用于运动款）

❷ 斜纹图案（它是以一种织布技术命名的——哔叽）

❸ 维希方格图案

❹ 人字形条纹

❺ 细条纹（商务气息浓重）

❻ 牛津（衬衫）布：经纬纱不同色的竹布（可能是白色的，但通常是蓝色的；其纬纱总是白色的，并清晰可见；多用于运动款）

❼ 棒状条纹（多用于运动款）

❽ 交织线

关于棉的问题

这里将棉分成两大类：一类是短纤维棉，另一类是长纤维棉。第一种在搓洗后很容易起绒球（拿一件在大卖场里买的衬衫试一试，您就会明白），第二种的质地相对就更稳定些。

在全球各地的热带地区，棉花被广泛地种植：比如美洲（比马面品种）和埃及（吉萨棉品种）。最好的来自百慕大，人们称这种棉花为"海岛棉"。

为了能做一件衬衫，准确地说要经历一个从棉花球到纺线，然后再织成布的过程。这些步骤将在棉纺厂里完成，布料也具有了多种技术特征，包括布料的重量——布料的平均重量应该在 120 克每米。要是超过这个重量的是比较厚的布，适合冬天。比这个标准轻薄的，适合夏天。但无论哪一种，都需要特别留意其透明度，尤其是对于白色的布料而言就更为重要！

如果说通过比较布料的重量来区分它们是行之有效的方法，那么通过观察构成织线的纤维质量来区分布料也是同样可行的。即使纤维再细，也存在着不同的种类（纤度 30，40，50，直到 120，170 等等）。标识纤度的数字越大，说明布料的纤维精细度越高，也就越细腻柔滑。接下来，从纤维中提取出来的线要么直接被用来织造，比如 40/1 的线；要么将两根线加捻得到一根更粗的线，我们称之为 40/2。

因此，标记为 170/2 是一种高品质的面料，纤维很精细但织线的结实程度加倍了。

> **须知**
>
> 经纱被设置为布的长度，纬纱是布的宽度。这两种线相互交错织成了布。

通常的款式

一件衬衫包括一个桶形主体，开口朝前，并且可以由一些小扣子或者一条拉链来使衣服封闭。也有一种变型，就是直接套头而过的一种款式，像过去的晚会衬衫或者"突尼斯衬衫"一样，衬衫的领口处有一条有扣眼的缝合槽，一直开到胸口。

衬衫有一对袖子，袖子末梢由袖口和一个能够区分袖子的前后方向的衩口组成。这个小小的衩口有时候缝了小钮扣，被叫做"袖衩"。在颈部，领子也是由一个领座和不同形状的领尖组成的。

衬衫的躯干前后片底部可以是圆形的，也可以是开衩的，在衬衫的两侧有两个开口。前者是经典款的设计，第二种就比较适合在海边穿，不必收紧在裤子里。在衬衫的左前片上可以有一个胸袋，但商务衬衫不建议保留，因为胸袋给人以运动或休闲的感觉。

在衬衫的前片，缝合凹槽（不同于袖子的缝合槽）和扣眼可以有三种形式：第一种是无缝合槽的，即衬衫边缘平坦光滑；第二种是有缝合槽的，也就是说有一条几公分的布料从上到下贴在衬衫前片的边缘；还有第三种是缝合槽隐藏式的，用于男式无

注意！

要特别当心，因为有些以次充好的情况有时候会发生：有些号称 120/2 的布料实际上却是 120/1 的，甚至是更劣质的比如 70/1 的。

顺便说一句，生产商只会标出使用的最主要的纱线的指标。因此，如果纤度测定（经纱和纬纱）已经标出，那么不妨自己核对。

要不要刺绣?

这取决于每个人自己的意愿。习惯上来讲，那些字母缩写应该处理成隐形的，因此应用与衬衫同一颜色的线刺绣，并且绣到衬衫的左下摆位置。刺绣最初原本是洗烫衣服的工人的一个标志。时至今日，一般被放置在从上往下数的第四粒扣子的位置（不算领口的扣子），或者是绣在相当于裤子的皮带位置的衬衫上。但是如果您喜欢，也可以绣在第二粒扣子的扣孔位置或者绣在袖口，至于线的颜色，也任您所欲。

尾常礼服,扣子也是隐藏式的看不见。安托万可以选择前两个款式,风格上没有太大的差异。

在衬衫的背部上端,有一个特定的布料"覆势"。做"覆势"的可以是单独的一整块布料,这是比较经典的处理方式。也可以由两片布拼起来,在中间将其缝合成一片。此时在手工衬衫店里,就必须考虑到衬衫的肩高差异,因为每一位顾客的尺寸和比例各不相同。最理想的情况是,覆势的布料条纹能够和袖子的条纹相呼应、相连接。针对这

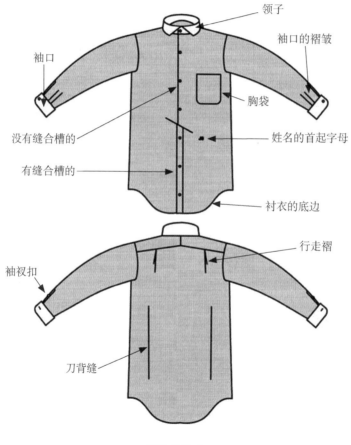

领子

袖口的褶皱

袖口

胸袋

没有缝合槽的

姓名的首起字母

有缝合槽的

衬衣的底边

行走褶

袖衩扣

刀背缝

通常的款式

个部分,标准的商务衬衫通常会有两个褶皱,为了舒适将其安置在两个袖子之间的合适位置。在运动款的衬衫上,褶皱会集中在中间位置,且只有一个。

领子和袖口

制作一件衬衫,它的收尾一般是细枝末节的工作,比如将领子和袖口缝制在衣服主体上。因此要特别耐心仔细。另外,袖口和领子的形状与衬衫的用途有密切的关系,它们决定了衬衫是正式款还是休闲款,是用于商务场合还是周末度假。

领子

领子包括领座(固定在衬衣主体上)和领翼,领子的形状根据设计体现出不同的特征。无论领子的形状有何不同,领座是所有领子都有的,只是领座的高低略有不同。

● **标准领**

有时候这个款式的领子被叫做"法式领子"。尺寸规格不大,领尖比较突出并且两个领尖之间有一定的距离。这种领子有时候也配有圆的领尖,可以和英国学院风的衬衫作比较。下图中第一款是经典商务衬衫的基本款;第二款多了几分随意的成分,相比之下更多一些无拘无束的感觉。

图一　标准领　　　　图二　圆领尖的标准领

那么,怎么搭配?

标准领和开领通常是搭配西装和领带的商务衬衫的专利,但有时候周末的休闲款衬衫也采用开领。

● **开领**

这种领子,在我们法国称之为"意大利式领",而在意大利被称之为"法式领",但是它的起源却很可能是从英国开始的!在这儿,领尖散开是为了打开领座,这种开阔是平缓的,我们又称之为"一字领"。还有一款领子在现在比较流行,它是"一字领"的变形,开得比较大,被称作"全开领",就是领尖开到最大限度。当然,一字领的领尖也可以是圆形的。

图一　一字领　　　　图二　全开领　　　　图三　圆领尖全开领

● **英式领**

就是"饰耳领"。这种领子,两个领尖离得很近,并配有一个可以系扣的狭带扣,扣子有的时候可以用摁扣代替。狭带扣通常在领带结的底下,可以形成一个小小的凸起,帮衬领带结。"饰耳领"看起来严谨、保守。詹姆斯·邦德就曾在一部007电影《大破天幕杀机》中穿过这个款式。

饰耳领

● 纽扣领

也叫"美式领"，是一个比较富有运动气息的款式。1896年，在标准领的基础上，纽约的商人布鲁克斯兄弟（Brooks Brothers）应一位马球队员的要求，在领子上设置了三粒纽扣（两粒在领尖，一粒在领子背面）用来达到给领子固定的效果。美式领的衬衫并未指定一定要搭配领带在职场出现，它更多地被应用在周末穿的休闲衬衫上。有些款式，做得比较精致，有可拆卸的纽扣藏在领子下面用以固定领尖下的小狭带扣。

纽扣领

● 军官领

这种款式通常又被叫做"毛式服装领"。实际上，这个款式跟老式的突尼斯长袍有关，或者简单地说，就是一种看不见领子的领座。如果在领座上直接缝了纽扣，我们就愿意把它叫做军官领，如果不是军官领，那么就是毛式服装领。

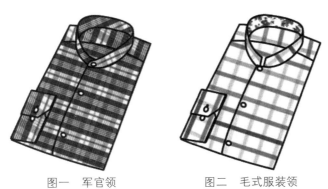

图一　军官领　　　　图二　毛式服装领

那么，怎么搭配？

如果您不系领带，或者您的职业环境允许，那么立领就比较实用了，领尖不会再困扰到您。

● **罗马领（教士领）**

这是神甫衣服的领子,实际上它的领座有其他款式两倍那么高,缝合在一起还钉了钮扣,领座中插入了一条浆过的亚麻带。这个领子跟印度领很像,曾被迪奥在名为"col à retombée inversée"的系列里演绎过。如果在夏天的游泳池边,穿上一件薄亚麻的罗马领还是很不错的。

罗马领

● **鲨鱼领**

这实际上是一种可以变形的领子,所以相对比较复杂。领子直接缝在领座上,人们穿的时候把领子大敞开。鲨鱼领是典型的夏威夷衬衫的领子,在一战和二战时期一度成为美国的流行款。鲨鱼领通常是翻到外套外面打开的。请注意,您可以给鲨鱼领搭配一件风格相同的衣服,也可以选择完全不同的风格搭配。

鲨鱼领

● **宴会领（翼领）**

这种款式的领子适合搭配无尾常礼服或者燕尾服，但有的时候也被用来表现很时尚的休闲风格。如果在特别正式的场合穿着，需要佩戴领结与之搭配，因为翼领需要保持一定的高度才能完美地体现其优雅。

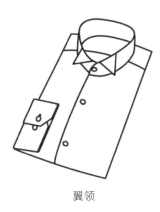

翼领

衣领可以有小幅面的，比如德·福萨克（De Fursac）家的设计，或者风格正相反，领子特别大的，比如汤姆·福特（Tom Ford）家的风格。我们还记得上个世纪七十年代的宽领，因为布雷特·辛克莱在电视剧《纵绮双侠》①里穿着而风靡一时。

图一　德·福萨克领

图二　汤姆·福特领

---

① 译者注，《纵绮双侠》（*The Persuaders!*），1971 年英国出品的动作冒险类电视连续剧。

须知

根据以前的经验，仅需一粒钮扣就可以使领尖合拢，现在设置两粒钮扣完全颠覆了传统经典的审美观。至于在领子上添加的其他扣子，要是品味还不错的话，就算是一个有趣的新尝试吧。

袖口

　　就如同领子一样,衬衫的袖口也是衬衫不可或缺的一个组成部分,并且也有很多种形式。同领子一样,袖口的尺寸也是需要精确测量的,这样可以在收紧袖子的同时避免让袖子把手覆盖。如果您戴手表,那么就需要让左边的袖口稍微宽松一些,用来盖住手表。

　　● **单式袖口**

　　这种袖口有钮扣和扣眼。

　　第一种情况,钮扣(一粒或者两粒)的排列与袖口的边缘平行。袖口两个边的最大角度可以是直角,也可以是斜面或者是圆形的。有两粒钮扣的单式袖口,其钮扣也可以垂直于袖口的边缘排列。

　　第二种情况,只系一粒袖扣的有两个扣眼的单式袖口,人们把这种款式称之为"原始的单式袖口"。这在过去的年代里是最正式的款式,它没有"翻袖口"那么厚。而且,两个扣眼只为系一粒袖扣,缝一粒很小的袖扣也行。

　　同样地,这种袖口也分两种:系扣的单式袖口和系袖扣的袖口。人们也会谈论混合袖口,那就非经典的美国牌子"箭牌"莫属。

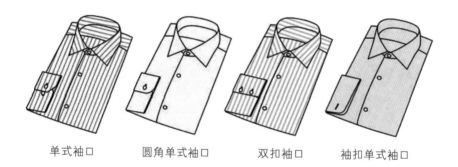

单式袖口　　　　圆角单式袖口　　　　双扣袖口　　　　袖扣单式袖口

● **翻袖口（法式袖口）**

英语中叫做"French cuff"。它的袖口有两个扣眼，但是靠一粒扣子系好。我们可以认为，这粒钮扣是男人身上唯一的、真正的宝石。因为一粒扣子，袖口的布料呈现出双层的褶皱，并具有一定的厚度。

● **那不勒斯袖口**

这种袖口又被英国人叫做"拿破仑袖口"，这个款式也曾被布雷特·辛克莱在电视剧《纵绔双侠》里穿过。这种袖口也需要系扣，钮扣边上的袖口有半月形褶皱，因此让袖口也有一定的厚度。

须知

有一粒钮扣或者两粒钮扣的单式袖口是最经典和常规的款式，这一点毋庸置疑。翻袖口就比较难以处理。如果追求商务效果，这么穿可能做得有点过。使用这种袖口必须格外小心，在周末穿也基本上不采纳这个款式。

图一　法式袖口　　　图二　那不勒斯袖口

白色的领子和袖口

这种风格来自于那个衣服领子可以拆卸的时代。这跟过去用浆过的含有亚麻的细帆布做的领子有关，人们把这种领子插到无领衬衫上。这样衬衫的保养就比较容易，衬衫的主体部分（身体部分）并不需要频繁的洗涤。对于可拆卸领子的发明要追溯到十九世纪二十年代，来自纽约州一个叫特洛伊（Troy）的城市。那个时候，衬衫的领子和衬衫都是白色的。即使是作为一种时尚而流行的彩色衬衫，其领子也是白色的。但袖口的情况就没有领子那么乐观，即使确实存在过不同款式的袖口，它们也未能像可拆卸的领子一样被普遍使用。

在反对使用白色的领子和袖口的过程中，品味的问题占了上风。我们可以注意到，今天，有领的衬衫和白色的袖口是伦敦银行家或者是纽约贸易商的标志性形象。这主要是因为，只有那些能带来收益的有钱的行业才能够穿得起每天都需要洗涤的白领衬衫。商人的形象也因此与之相关联，虽然这种倾向正在慢慢消失。

城市里的白领

特殊情况——短袖衬衫

清教徒关于经典的争论往往是片面的断章取义：短袖衬衫，一无是处！他们更愿意穿着长袖衬衫，然后将袖子沿着胳膊挽起来。这甚至跟外省人"感受"巴黎人的生活如出一辙：衬衫的袖子是长的还是短的呢？

尽管如此，短袖衬衫在夏天还是很有用的，因为它非常好地取代了短袖马球衫。相对于后者，短袖衬衫具有更多款式的领口样式、更多种类的布料选择，并且更轻便。

短袖衬衫也可以在度假的时候穿着，或者用于军队服饰，比如，配上袖口的翻边或者扣上肩章。如果是用细腻的亚麻做成的短袖衬衫，还可以营造风度翩翩之感。如果有必要的话，胸前口袋里偶尔配上胸巾，就更接近撒哈拉帆布短袖上衣了。

美中不足的是，短袖衬衫不能与西装搭配，无论怎样寻找可以说服的理由也是徒劳，这是个不争的事实。

风格和时代的记录

纵观过去——特别是上个世纪五六十年代——那是一个男士流行穿白衬衫的时代。这种搭配既简单又显得有效率。穿着一整套深灰色的翻领"袋型常服"，戴一顶小毡帽，这是六十年代典型的时尚装扮。但是现在，白衬衫，因为它的衣领和袖口比较容易弄脏而看起来比较灰暗。于是曾在上个世纪二三十年代流行的单色的或者带图案的彩色衬衫一下子又突然重现江湖。同时有关风格的问题也被提出来讨论。

衬衫与西装的搭配、外套和领带的搭配，这其中的规律本身就是一件精细的工作。但是根据以往的经验，这种审美原则也是相当简单的，而且常识往往比那些规则更实用。可是，上述的提醒并不多余，因为那些相互矛盾的搭配组合也是比较常见的。其直接的结果，就是不美观甚至是特别难看的。

我们把衬衫分成适合与外套搭配的和适合与裤子搭配的两

须知

衬衫的面料可以是纯色的，可以是条纹的，也可以是方格的。这些图案可隐可显，线条可粗可细，但一般情况下白色或多或少地占据了主导地位。

大类。第一种，是完全都市化的装扮，也是我们工作时的款式。第二种，在传统的词典里被称之为"运动款"，但在这里我们称之为"休闲款"更为合适。它涵盖了在乡村的穿戴以及在城市里的休闲服装，很显然，后者在我们当今的生活中使用得比较多。在接下来的篇幅里，我将用半月形的图表向您展示不同类型的搭配。在半圆的中心，是上衣的布料颜色，中间是衬衫的，最外围的是领带的选择。

在都市里的衣着

我以一套深蓝色的或者灰色的（如图1和图2所示）纯色西装作为例子，来说明搭配的一般规律。

与纯色的上装相搭配，那么对于衬衫有三种图案的模式可供您选择：纯色的衬衫、条纹的衬衫和方格的衬衫。前两种选择是一目了然地合适。根据英国人关于经典的眼光，方格似乎不是那么正式，那么作为工作装或都市款来搭配就不是特别理想。因此，我们优先考虑用纯色和条纹的衬衫做搭配，至于是哪种条纹、细条纹、棒状条纹和多重复合的条纹图案都是可以的。

我们应该记住的是，无论哪种图案的布料都应该使白色占据统治地位。这是保持经典风格的重要途径。这几乎适用于所有可以与深蓝色或者灰色的纯色西装相搭配的衬衫。这看起来很简单吧！至于领带，也并不复杂。领带的图案也可以是多种多样的：纯色的、条纹的（包括斜条纹的）、方格的（包括小碎格子的）等等，种类繁多。

与偏运动风格的面料做成的衬衫相搭配，图案的线条应该粗犷一些，要清晰可见的（如图3）才好。这种搭配的效果立竿见影，少了一些官方和正式的感觉，如今能完全被大家所接受。

与条纹的西装相搭配，特别是斜纹法兰绒的西装，特别是斜纹法兰绒的西装相搭配，通常情况下这些衣服面料本身的条纹很细但非常明显（见图4），这种图案绝对不是经典的风格，那么穿格子衬衫吧，这样搭配应该是合情合理的。

因此，总的来说，要想与条纹的上装相匹配，应该首先考虑的是纯色的或者是条纹的衬衫。但是请注意，如果搭配条纹衬衫话这个问题有一点儿复杂，因为要让衬衫上的条纹与上衣的条纹和谐一致。最简单的方法是让衬衫和西装的条纹之间的距离与条纹本身的宽窄同比例变化。但规则不仅止于此，否则搭配规则也太简单了。

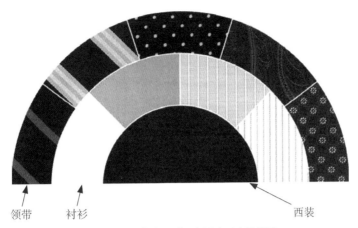

领带　　衬衫　　　　　　　　　　　西装

图 1　与深蓝色西装（半圆中心）相搭配

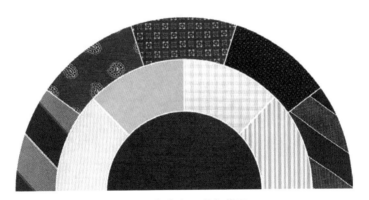

图 2　与灰色西装相搭配

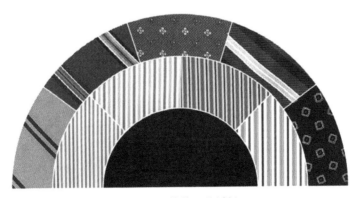

图 3　比较休闲的衬衫

到这一步，我们由此进入到对审美和个人品味问题的关注。逐字逐句地遵守这些穿衣原则是可以，但是您也可以逾越这些条条框框，所有的规则只是做个保障。看看温莎公爵和他不可能的混搭。在这个半月图上（图4），在右边框里，建议把条纹和方格作对比形成一种设计风格上的新尝试：这种搭配是给那些喜欢冒险的人准备的！

与粉笔条纹（中等粗细的条纹）西装相搭配，情况也是一样的（见图5）。设计风格上的尝试搭配着粉笔条纹在右侧再一次地凸显出来。

只能选择条纹吗？

对于条纹西装的搭配，您将会发现我们已经做了各种尝试，所以尽量不要再使搭配方式增多了。首先，与斜条纹领带和条纹上衣二者相搭配的西装，纯色是更合适的。在条纹上衣和条纹衬衫之上，最好打一条纯色的或者几何图案的，再或者印花的领带。其次，这是个取舍的问题，没有必要去将衣服的搭配的效果无限增加！请记住这个原则：一定不要为了使搭配变得柔和而将纯色与两种以上的相同图案放在一起！

如果您有一件商务款格子西装（见图6），那么您可以要么选择一件格子衬衫（威尔士小方格的 petit prince-de-galles 或者千鸟格的 pied-de-poule），要么选择一件纯色的衬衫与之搭配，简单吧，我亲爱的沃尔森？显然，最艰难的是搭配的比例。早上，我们经常会遇到这种情况，因为我们头脑不清醒，缺少常识。但不用担心，这不是致命的！在很多品牌的时装目录中，有很多混搭也是一窍不通的。

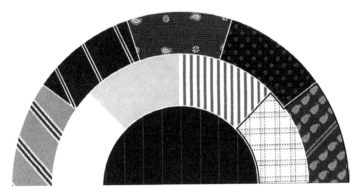

图 4—与深蓝色斜条纹西装的搭配（细条子）

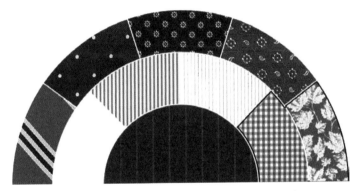

图 5—与深灰色粉笔条纹西装的搭配（中等粗细的条子）

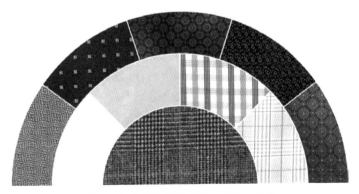

图 6—与方格西装的搭配,威尔士方格

休闲的穿着

休闲风格的服饰比都市商务风格的更为普遍，衣服的颜色、图案也更为多样和发达。我们仍然要把这个风格的衣服按照纯色、条纹和方格来分类。需要注意的是，条纹在这儿是比较少出现的（一些夏天的外套除外）。我们能不能就此得出一个结论：条纹意味着"都市商务"，而方格却更偏向"乡村休闲"？毫无疑问，答案是肯定的，尽管也有一些例外。

通常情况下，运动或休闲款的西装上衣的颜色在绿色、棕色的褐黄色系之间交替变换，这组颜色比较接近自然界的颜色，像苔藓和地衣类植物。蓝灰色调的休闲西服上装比较多变，既具有一半都市的风格，也有一半乡村的风格。美国人把这种休闲西服上衣叫做"休闲装（sport coats）"。需要再一次强调的是，与休闲西装上衣相搭配，也要遵守衬衫的色彩原则。

与一件具有森林色调的纯色的上衣相搭配（见图7），如果白衬衫不能成为首选，那么和其他颜色的衬衫搭配也能创造出经典。以一件棕色调的多尼盖尔粗花呢上衣为例比较一下就简单明了。为了与之搭配，您可以穿着纯色的衬衫或者方格的衬衫。衬衫之上，系一条斜条纹领带。这样，在这儿，方格/条纹形成的强烈反差会被打破，对，规则有时候也有例外！

与粗花呢的方格上装相搭配，色调是狩猎区的绿色和铁锈红（见图8），那么该穿什么样的衬衫呢？纯色的？可以。方格的？可以。条纹的？绝对不行！最后一个想法完全是荒谬的。那么领带需要什么样的呢？纯色的领带似乎是最好的选择，最为简单（别忘了，我们是在乡下）。比如，一条绿石榴色的，或者其他的有小乡村主题图案的：鹧鸪、野鸭和猎狗都行。最后，为什么选择斜纹，仍然是为了配合森林的风格和情调。

与灰色的人字条纹的上装相搭配，更具有都市的气息——人字纹在几米之外看上去呈现出统一的色调，因此衬衫既可以选择纯色的、条纹的，也可以选择方格的。至于衬衫的颜色（见图9），就和都市色彩呈现出根本的不同，这也就能很好地体现"乡村风格"。按照通常的规律，这些颜色（棕色，铁锈色，绿色，等等）之间可以相互混搭，而这种处理也是英国人较为常用和典型搭配。对于意大利人而言，在处理海军蓝和棕色之间的关系的时候，也毫无难处。仅仅是风格的问题……

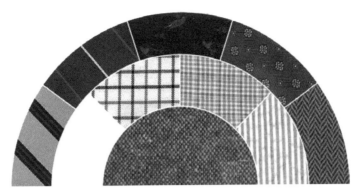

图 7—与纯色休闲夹克的搭配

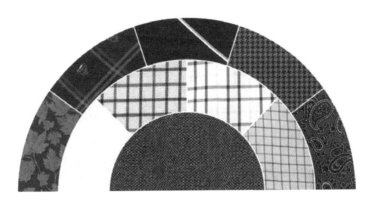

图 8—与方格休闲夹克的搭配

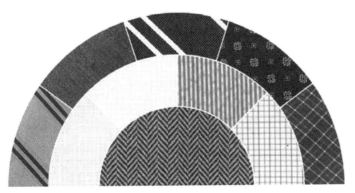

图 9—与人字条纹休闲夹克的搭配，风格上偏向都市风

须知

"塔特萨尔花格呢"(tattersall check)是休闲菜单目录里的主菜,确实,它与谁相搭配都很协调。一般情况下,它的底色为奶油色而不是白色。当然,它适合给爷爷这样年纪的人,但是您也可以使其变得优雅并将它纳入您的衣柜。塔特萨尔花格呢可是衣柜里无法回避的面料,搭配条纹衬衫也适合在工作场合穿着。

最后,是单件外套上衣。它是休闲穿着中当之无愧的代表(见图10)。您可以拿任意一条裤子与之搭配(白色的,灰色法兰绒的,粉红色帆布的,甚至在一些场合下还可以与立绒材质的裤子相搭配,等等)。至于衬衫,纯色的、条纹的或者是方格的都能很好地和休闲西装一起穿。

领带也能这样出彩儿吗?斜纹领带显然是没问题的!但是需要注意的是,小心过度重叠。两种条纹在一起就显得有些过了,除非两种条纹的比例不自相矛盾,而是相得益彰。请不要对最后这一条嗤之以鼻,典型美式格子衬衫配上"海狮"图案的领带,这种搭配很大胆。既然已经很大胆了就大胆到底吧!

图10—与深蓝色单件外套上衣的搭配

都市风格和休闲风格的搭配呈现出明显的不同。为了简单起见,一边是灰色、蓝色;一边是棕色、红色和绿色。

小结

与下边的三件上衣相搭配,一件方格的颜色偏乡村风格的单件外套上衣,一件纯色的单件外套上衣和一件中等粗细条纹的单件外套上衣,能与他们搭配的选择是多种多样的,但是仍然需要遵循上文所述的各种搭配规则。

与方格的单件外套上衣相搭配,我们可以穿着纯色或者方格的衬衫。安托万因此选择了一件意大利领、单式袖口的、白底锈红色大方格图案的衬衫。锈红色、米色、棕色或者绿色看起来与外套的颜色都比较合适，您可以根据您自己的喜好和品味来进行自由的尝试，搭配出从未有过的效果。

与纯色的单件外套上衣搭配，一切皆有可能。安托万找到了一件薰衣草颜色的、条纹的纽扣领衬衫，这很好地诠释了这款西装上衣"休闲"的精神内涵。这套搭配很适合在周末穿着，配上棉质的长裤和麂皮鞋，堪称恰到好处。

与法兰绒中条纹单件外套上衣搭配，摆在安托万面前的衬衫有两个选择：纯色的，或者是条纹的。他最终选择了天蓝色牛津布的、大开领的、白色袖口的衬衫，整体给人以"城市银行家"的印象。

衬衫的搭配

怎样穿衬衫？

衬衫是一款简单的服装。尽管有些手工制作衬衫的师傅为了衬衫更符合顾客的身材而在裁剪上大刀阔斧，但是其调整和校正的幅度也没有像针对外套上衣的修改那么精确。

衬衫的舒适度

这是一个因为每个时代的不同而略显不同的概念。以前，一件经典款衬衫的胸围要比人体的胸围多出 20 厘米的余量，特别是在坐着的时候，肚子放松的状态下。这种成衣的剪裁在英国人看来才是完美的，被称作"降落伞"。时至今日，这个余量控制在 12—14 厘米，如果是瘦身的贴身版衬衫，胸围的余量也至少有 8 厘米。如果也谈女士衬衫的舒适度，那么要结合举止而论。请一定时刻注意，过于紧身的衬衫可以突出胸部，但也可能由此招致灾难性的后果。

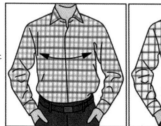

舒适的剪裁

袖子的长度

关于这一点，我们有必要把它说得仔细一点儿。当然，我们可以通过缩短袖口来修改袖长，这一点很简单。如果您的衬衫是定制的，那么袖口也应该是量体裁衣般合适。袖口不会垂到手背上而是到手腕处戛然而止。手腕外侧凸出的一小块骨头（和小拇手指在一个方向上）是一个很好的参照物：衬衫的袖口应该盖过这一小块骨头，而外套上衣的袖口应该露出这一小块骨头。外套上衣的袖子比衬衫的袖子要短 0.5—1 厘米。

关于调整的问题

通常情况下是外套上衣与衬衫相配合，在领口和袖口上作调整。我们需要注意的仅仅是穿在外边的外套上衣是否能够完全与里边的那件衬衫的领口相搭配，能否让衬衫的领子露出来，就像画的轮廓一样。因此，脖子较普通人长一些或者短一些的人应该留意衬衫领子的高度。

如果您的衬衫是成衣，为了手腕处袖口的松紧恰到好处，您可以随时要求重新设定袖口扣子的位置，或者要求修改袖口的长度。一般的成衣，袖口覆盖住了手背的上部。可以说，短一点儿的袖子可以给人意想不到的舒适并能消除沉闷压抑之感。

寻找到合适的袖长。

衣领

领口的维度应该能够比较贴近您的脖颈。举个例子来讲，如果您的颈围是 39 厘米，那么衬衫的领子应该选择 40 厘米的，但是这件衬衫在贩售的时候仍然被叫做"39"号。

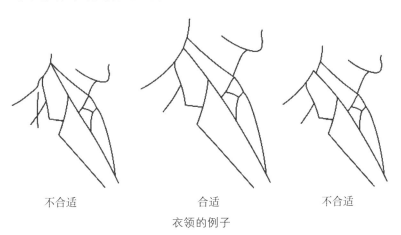

不合适　　　　　　合适　　　　　　不合适
衣领的例子

须知

对于那些加了衬布的衬衫,在熨烫的时候要格外小心:熨烫领子的时候其顺序是要从边缘往中心移动,这样可以避免在领子的边缘造成难看的褶皱。

建议及保养

与护理一件外套上衣相比较,对于衬衫的护理和维护就显得简单多了。毫无疑问洗衣机为我们洗涤这些挂衣壁橱里的衣服提供了很大的帮助。30—40度水温的、适合洗涤棉质衣物的那一档最为合适。但是,注意一定要取出支撑衬衫领口的塑料薄片,将衬衫反过来以便于能够将腋下的汗水和污垢的痕迹清洗干净。您可以提前用肥皂将这些地方和领口提前预洗一次。

熨烫不是一项有趣的工作,而且必须用蒸汽熨斗来完成。为了减少您的家务量,出现了一种"免熨烫"的棉,是布鲁克斯兄弟在1999年推出来的。纤维经过一种机械处理,就可以使自身防皱。将其放置在衣架上等着晾干,您就可以不用熨烫衬衫了。

十九世纪五十年代

一些有用的地址

箭牌 Arrow

令人称道的美国成衣衬衫店

地址：6，rue de l'Ancienne-Comédie

75006 Paris

在法国的其他店址请访问

网址：www. arrow-homme. fr

Barba Napoli

是一家那不勒斯衬衫的大型制造商，手工裁剪衬衫

地址：Chez Willman-32，rue Vignon

75009 Paris

网址：www. barbanapoli. com

Brooks Brothers

他们家的衬衫也许有些宽大，但经久不衰。

擅长：免熨衬衫（抗皱衬衫）

地址：372，rue Saint-Honoré - 75001 Paris

网址：www. brooksbrothers. com

Charvet

法国衬衫精品中的精品，在法国名气很大的品牌

地址：28，place Vendôme - 75001 Paris

网址：www. charvet. com

Courtot

是保留下来的手工衬衫制造商之一，价格适中

地址：113，rue de Rennes - 75006 Paris

Hast

一间年轻的网上销售成衣的店

网址：www. hast. fr

Howards

法国制造的衬衫

地址：45，rue d'Amsterdam - 75008 Paris

网址：www. howards. fr

Van Laack

一家大型的德国衬衫生产商

地址：17，rue de la Paix - 75002 Paris

在法国的其他店址请访问

网址：www. vanlaack. com

针织衫

安托万早已经习惯了穿羊毛衫和其他的针织织物。实际上，这些针织物很早之前就已经挤满了男士的衣柜。但是，安托万的很多针织衫都是休闲款式的，质地上多为莫列顿双面起绒呢，并大多印有品牌的商标标识。这些都不能与都市款的外套相搭配。另外，给针织衫这个数量庞大的令人称道的大家族做详尽的描述也是一件很有意思的事情，这里囊括了超现代风格的款式和其他的比较古老的样式。

关于针织衫的简单介绍

针织织物指的是所有用编织的方式而不是用织造的方式做成的衣服。举个例子来说,一件外套的布料或者一件衬衫的布料是通过织布机织造而成的,然后再进行裁减和缝合。而针织织物的成衣方式是通过针织机的编织来实现的,不管是平面的,还是立体的,通常都是采用圆桶(空转)的工艺。针织材料的种类和线的柔韧度不同:比如棉质的、美利奴羊毛的、羊绒的、或者是其他的新兴材质如竹子或者苎麻等的质地都不相同。

针织衫有御寒保暖的功能。在二十世纪中叶,有些衣服是外套上衣不可缺少的补充,而针织衫是它们的代表。针织衫的统治权也是在那个时候确立的。时至今日,针织衫已经可以单独穿着,而不一定非要穿在外套里边。这种发展是伴随着一场比较彻底的、试图使衣着简单化的运动而兴起的,这场运动是为了更好地适应灵活多变的生活方式,追求更为务实的穿衣风格。于是,针织制品比如针织紧身上衣,在过去的 50 年里经历了飞跃的发展。

可以说,今天我们钟爱的很多款式大多都是对过去款式的继承,基本没有太大的创新变化。安托万应该很快就会感到迷惑,因为其种类繁多、目录庞大。大部分的针织制品的样式都是休闲款的,但有一些也适合在工作场合穿着,有些甚至能与西装相搭配。

针织紧身上衣最初是用羊毛织成的。我们能够从古埃及的遗迹里找到与之有关的记录,后来特别是在北欧的一些岛屿上也能找到更为成熟的使用方法。针织服装曾经一度被当做内衣来穿着使用,然后作为外套里的衣服被大众阶层在工作中穿着。比如说,羊毛衫,曾经是渔夫的最佳选择,特别是在爱尔兰的阿兰群岛地区或是勒芒海峡的泽西岛地区。

从某个角度上说,针织衫也是一种比较简单朴素的服装,它们可以是妇女在家等丈夫归来的时候为了打发时间而织出来的。但这种衣服材料自然,质地柔软,贴身合适,所以能很好地保暖。

巨大的优势

与羊毛制品相比,针织织物造价低廉,因为它只是手纺羊毛初步提纯的产物。因此,一件这样的外套要比用布料制作的更为便宜,但是必须要有一台织布机。

对于这种针织衫，我们不用花太多的时间去织一个流行的花边，尤其是在运动（高尔夫和自行车）的大众化和军队的统一化的情况下。可可·夏奈尔女士在上个世纪二十年代的时候，也对女装做出了适当的调整。

生产的秘密

构成针织衫的材料有两大类。

天然动物纺织纤维

首先是动物的毛，来自绵羊（美利奴羊毛是最细的一个羊毛品种）、山羊（安哥拉山羊毛、马海毛和羊绒）、骆驼或者是羊驼。另外，还有来自家蚕的蚕丝。

化学纺织纤维

这些都是来自纤维素（人们从树木或者蓖麻中提取纤维的成分），比如粘胶纤维，有机原料（石油的衍生物），再比如聚酰胺（尼龙），聚酯（涤纶）和丙烯酸树脂。

针织衫的长度

怎样才是针织衫合适的长度，这是个经常会遇到的问题。如果是做好的成衣，长度似乎从来没有适合过。一般会遇到这样的情况，如果胸围合适了，袖长却难以达到合适。针织衫的袖子不可以盖过手，其长度应该像衬衫的袖子一样，到腕关节处就可以了。至于针织衫的衣长（身长）也同样是个难题。过去，为了能够覆盖住裤子的上端，针织衫自然下垂到腰部（如果以此界定衣长为合适的长度的话），因此就针织衫的比例而言，衣长较短而袖子较长。显然，裤子正在变得越来越低腰，所以针织衫的衣长也在增加。也就是说，购买针织衫的时候应该考虑的是您衣柜里的裤子，要根据裤子的款式和长度来选择衣长合适的针织衫。

不同的款式

有袖或者无袖的马夹，或者叫"开衫"

在法国，我们称之为"马甲"（Gilet），英国人更愿意使用专门的术语"开衫"（Cardigan）。这种针织衫基本上是羊毛或者棉质的，有没有袖子均可，衣服的前片缝有一竖排钮扣，可以通过解开钮扣来敞开衣服。开衫的半正式化状态在当今得到了很大的赏识，它源自军队的身份也被证明。这和詹姆斯·布鲁德内尔，卡迪根（Cardigan）的第七任伯爵的一项发明有关，他在1855年的克里米亚战争中，用剑划开了自己过于紧身的针织衫。从那时起，卡迪根这个词，就像三明治这个词一样广为流传，并成了常用词语。

请注意，开衫的钮扣也介入了一些现代化的手段，比如拉链，比如摁扣，阿涅斯·B（Agnès B）这个品牌使这些手段更为普及。

没有袖子的马夹，是三件套西装马夹的翻版。它不仅套用了西装马夹的形式，而且还效仿了它的细节之处。因为，我们也可以看见有的马夹前片底部会有两个小口袋。按照惯例，马夹的衣长较短，自然到腰部，仅仅是能够盖住裤子的上端就够了。

不同款式的开衫

● 怎样穿着(开衫)？

开衫当然也有它自己的各式各样的穿着方式。有袖的开衫可以在较为休闲的工作场合穿着，并打领带与之搭配。无袖开衫的种类繁多，它们也可以穿在西装的里边，或者也可以单独穿着。选择开衫有袖或者无袖，完全取决于您的个人品味和喜好。还有一种更为现代的穿法，开衫仅仅和一件 T 恤衫相搭配。但是要注意的是，这种搭配要避免看上去有衣冠不整的效果就好！

交叉式圆翻领毛线衣

这种交叉式圆翻领的针织衫是上个世纪三十年美国人衣橱里最为基本、也是最为经典的一个款式。举个例子来说，就像我们在 HBO 电视网的连续剧《海滨帝国》中看到的那样，那些年轻的走私者穿着的正是这种圆翻领(小披肩)的毛线衣。这种款式是开衫的一种变形，因此也是胸前一排扣子，但系扣的方式是和经典款的针织衫是一样的。

在冬天，这种交叉式圆翻领的毛线衣是很保暖的一个款式，特别适合用厚棉制作。它的优点在于，衣服的领子能够沿着脖颈的一周展开，能够很好地起到保暖的作用。

● 怎样穿着(交叉式圆翻领毛线衣)？

交叉式圆翻领毛线衣几乎可以完全独立穿着。安托万搭配了一条斜纹棉布裤和一件钮扣领衬衫，这种搭配是适合周末的一套好装扮。

无袖针织衫

这是很经典的一个款式，但在法国却没有大受欢迎，可是在美国却风靡一时。

无袖针织衫中有一款被叫做费尔针织衫，它是以苏格兰的设得兰群岛上的一个岛屿命名的。它的特点是由它特殊的编织工艺决定的，这种工艺使颜色的明暗相互交替，织线的交错镶嵌成一条横向的条纹。这个款式被威尔士亲王青睐并推广，他在上个世纪二十年代成为英国的爱德华八世国王，而这个款式也时不时地回归到时尚界。它的好处在于，不会将衬衫的袖子收得太紧，因此它通风性比较好，而且很轻巧。

交叉式圆翻领毛线衣

● **怎样穿着(无袖针织衫)？**

　　无袖针织衫的穿法是十分灵活的,既可以单穿在一件衬衫外面,也可以和外套搭配穿在里面为外套增加一抹亮色。也可以在一个较为休闲的场合穿着,温度适宜的时候可以代替长袖针织衫,也可以在冬天的时候穿在西装或者外套上衣的里边,做领带颜色的搭配色。

圆领针织衫

　　圆领针织衫不是最流行的,收紧的衣领会紧紧箍着衬衫的领子。而且这个款式不是最具都市化的,相反它更适合乡村的休闲场合。军队也对这个款式情有独钟,他们用乙烯基和其他的合成材质在肩部做了加强。圆领针织衫的确在颈部有很好的保暖效果,但它的领口很难再系上一条领带了。

　　所以,这是一个很功利的款式,但它有自己的追随者。如果整件衣服都是深蓝色的,那么它是去海滨的理想服装。

　　和其他的衣服一样,这个款式也有它自己显著的地理变异:阿兰针织衫,名字来自爱尔兰西海岸的一个巨大的同名群岛。它最初是一个比较笨拙的款式,用的是还带有羊毛脂的羊毛,因此极其燥热,渔夫穿着它出海。它的自然的颜色(灰白色的亚麻色)和它的编织图案成为了它的最大特点。

无袖针织衫费尔款(图左)

注释

　　衣服的有些纹理是传统的再现,有时候也是一些宗教符号,但是大部分时候,绳子编织的独特样式都是取自海洋世界的:期待结束漂泊,安全回到陆地,或者编织渔民的捕鱼工具。

● **怎样穿着(圆领长袖针织衫)?**

这是一个安托万可以搭配粗花呢裤子的好款式。

圆领针织衫,阿兰针织衫(图右)

V 领针织衫

V 领针织衫确实是目前无法回避的一个款式。谁没有一件呢？它满足了所有场合的需要,既可以休闲也可以正式。搭配一条领带,它就可以令人神采奕奕,我们可以不费吹灰之力地找到多种多样的材质和数不胜数的颜色！因此,我们不难调配颜色,容易搭配出舒适合理的色调。

● **怎样穿着(V 领针织衫)?**

如果是材质比较薄的针织衫,可以直接穿在衬衫外边。如果是相对较厚的针织衫,比较适合冬天。V 领的大小决定了穿着的场合。但是如果用它来搭配一件 T 恤无论何时都不是一个有品位的选择。有些时候,人们直接穿着 V 领针织衫,衣服与皮肤直接接触,尤其是对于棉质和羊绒质地的 V 领,这是一个新的想法！

最简单的穿法是,V 领配上衬衫,让衬衫做 V 领的有益补充。

如果不系领带,那么选择钮扣式衬衫就可以完美地将领口合拢。但是如果您穿的是法式袖口衬衫(详见关于衬衫的章节),针织衫的袖子又将如何处理呢? 要么您让针织衫盖住法式袖口,要么您将针织衫的袖口上卷,以便露出衬衫的整个袖口,这似乎是更有贵族味道的选择。

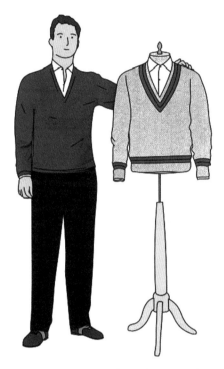

V 领针织衫和 V 领板球针织衫(图右)

经典

　　板球针织衫是一个完美的传统款式,同时又具有运动的内涵。不要忘记,服装发展史的脚步迈向逐步开放、减少繁复,在曲折中前进又往往与某些体育运动的发展有关。板球针织衫也是如此,有时候它也被用来在冬天打网球时穿着,全白色的,如果搭配上白色法兰绒的长裤就可以去打板球。它很柔软平滑,但经常编织的图案比较突出。板球针织衫的领口和袖子的末端一直是做镶边处理的,用同一种或者多种颜色的线,作为来自同一个俱乐部或者团队的标识。

拉链针织衫

这是可以穿在衬衫外边的又一个经典款式。在冬天或者比较冷的时候，通过套头的方式很容易穿好。借助拉链，可以露出衬衫的领子，而针织衫本身的领子又可以使脖子保暖。拉链针织衫完全适合与领带相搭配。羊毛或者针织材质的，有的在意大利风的搭配里会创造出意象不到的效果。

拉链针织衫

可以把拉链针织衫穿在外套上衣里吗?

是的，绝对可以！这会让您看上去很具有运动的活力，并且很休闲。借助这种使衣服重叠交错的方式，您再现了一种意大利时尚男装文化的经典处理方式：多穿一些，衣着也会更有表现力。这就是所谓的"Sprezzatura"[1]，或者，借助一些我们在书中分享过的简单规则，打造出一种特别个人化的风格。因此，通过时尚的图片，比如 sartorialist[2] 和其他博客里的图片，人们可以看到衣服的层叠搭配，就像英国人说的，为了达到显露出衣服的颜色与衣料的质地而呈现的一种态度，一种举止和一种境遇。这就需要涉及到相当丰富的视觉元素，于是领带与小手绢(放在小口袋里起装饰作用的)、外套、大衣、针织衫还有开衫相媲美。因为针织衫往往是彩色的，在衣柜里的这些颜色鲜艳的针织制品，扮演者着表达主人态度和心情的重要角色，并可以唤起对某些特定时刻的回忆。

---

① 译者注，"Sprezzatura"，源自意大利语，代表一种自然而然、潇洒优雅的艺术风格。
② 译者注，"The Sartorialist"是全球最红的街拍博客，由美国人斯科特·楚门(Scott Schuman)创办，被《时代》选为设计界最具影响力的百强之一，斯科特在时装周上拍照，并上传到"The Sartorialist"上。

翻领针织衫

翻领针织衫重新回到时尚界是在二十一世纪初的时候。毫无疑问它也充满了经典的味道。

过去翻领针织衫采用羊毛作为材料,因为英国剧作作家诺埃尔·科沃德(Noël Coward),这个款式在上个世纪三十年代的英国特别流行。今天,棉质的材料因其容易洗涤而成为翻领针织衫的首选材料,这个款式的领口部分比起其他款式的针织衫来说脏得快。如果不是因为这个原因,羊绒也是这个款式的理想材料。

● **怎样穿着(翻领针织衫)?**

这个款式易于穿着,并且具有很好的防寒效果,而且款式看起来很休闲。里面穿一件 T 恤就可以让衬衫束之高阁了,如果在翻领针织衫的外面再加上一件外套,就大有詹姆斯·邦德那样的让人无法抵御的魅力了。

特殊的一款变异:水手针织套衫

这是一款比较宽松肥大的针织衫,翻领也比较笨重。这个款式曾经被勒芒海峡和爱尔兰的渔夫穿戴。它有巨大的插肩袖和位于腹部的左右可以相通的大前袋。根据传统,一般是不染色的。但现在这个款式却可以呈现出丰富的色彩,比如说红色的就大受库斯托船长的赏识。

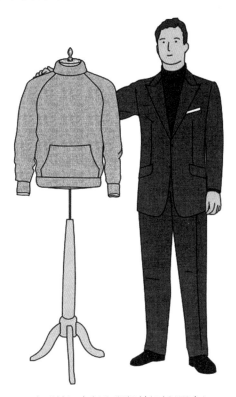

水手针织套衫和翻领针织衫(图右)

水手衫和莫列顿绒的
的外套上衣

水手衫

现在的水手衫已经过时了,但是它在上个世纪六十年代曾经特别时髦,其实它在四十年代就已经十分普及了。它给那些在地中海沿岸的狭长的小海湾里漫步的有钱游客们带来了运动风。这种针织衫有很细腻的针织结构,很轻便,可以穿在衬衫外边甚至可以直接接触皮肤,领口较低但长度比肩。水手衫往往是短袖的,有时候有条纹,有时候没有。

马球衫

回顾历史,马球衫还算得上是新兴事物,因为它在上个世纪三十年代才出现。关于它的最为人熟知的故事与法国人有关。事实上,勒内·拉科斯特[①]在上个世纪二十年代为了打网球更方便才发明了马球衫。他为网球运动员做了类似衬衫一样的衣服,但是减掉了袖子(曾经在很长一段时间里,长袖是被卷起来的)并且用平针的"小凹凸纹理的织布"(针织的布料)代替了棉布和法兰绒(一种编织的布料)。

还有一种传说,马球衫来自英属印度,就是在那儿马球选手请人用棉质的有凹凸纹理的粗牛津布做了一款很简单的服装。关于这种说法是有争论的。但无论事实是怎样的,拉科斯特的马球衫从 1933 年起开始在欧洲和美国销售,有些当时衣服的特

复古风潮的回归

工业技术的发展重新将人们的品味复古,重新回到克里米亚战争的年代(1855 年前后):针织外套上衣,正如我们在前文的章节介绍里所提及的,这个经典款是用编织的呢绒制作而成。但也存在着用针织材料做成的款式,比如用平针的布、用或多或少厚一些含有的衬以莫列顿绒的面料。这些外套上衣十分柔软,没有塑形,穿着方式也绝对随意休闲。最舒适的款式当属用羊绒制作而成的,做出来的感觉像针织衫一样。因为它没有专属的名字,一个朋友创造了"swacket"这个词,是运动衫(sweat)和夹克(jacket)的结合,这倒是十分恰当的。

---

① 勒内·拉科斯特 René Lacoste,法国著名的网球运动员,1933 年创立了 Lacoste 品牌。

点我们至今都能够看到：短袖；为了易于呼吸，领子下的扣槽可以轻易地打开；为了保护颈部使其避免受到太阳的灼伤，我们可以立起柔软的领子；为了保持凉爽而采用棉质的凹凸纹理的织布；为了不使马球衫从裤子里窜出来而在后片设计了较长的下摆。

● **怎样穿着(马球衫)?**

传统经典的穿法，就如同穿一件衬衫一样。穿马球衫，腰部束在系腰带的裤子或者短裤里。但是需要注意，不要使自己整体上看上去像"扎香肠"。现在的穿法是把马球衫留在裤子外边。有的人可能会提出异议，认为这样穿太不修边幅。

最优雅的穿法肯定是将马球衫收在裤子里，但是当遇上天气炎热，放在裤子外边还是更为舒服的。这取决于您的选择。马球选手们，还是将马球衫束在裤子里的。

马球衫

长袖马球衫?

这种比较古老的款式通常用于马球、橄榄球和高尔夫运动。现在很少见到有人穿了，它们的时尚圈是高尔夫球场，特别是从上个世纪三十年代以来，那些在苏格兰的圣安德鲁斯的球场。严寒使得长袖的羊毛衫也成了必不可少的装备。

套在衬衫外的衣服

从形式上而言,它就像长袖的马球衫。通常是用羊绒做成的,它该如何穿？顾名思义,穿在衬衫外面,填充了一定的空间,可以舒适地套上外套上衣。请您翻看第 53 页,在介绍裤子的章节里：安托万穿了这样一件衬衫外衣。

建议及保养

羊毛衫总是难于护理的。洗衣机的功能有所发展,有"轻柔"和"羊毛洗涤"的程序,可以用冷水或者不高于 40 度的水温洗涤。如果不这样的话,可以将衣服送到洗染店或者干洗店去处理,当然这样就昂贵一些。

棉质的针织衫护理起来就简单多了。

该死的起球

由于羊毛纤维的等级不同,您可能遇到过衣服表面起球的现象。这往往出现在那些质量中等的针织衫身上,这是因为为了减少生产成本,在其制作过程中使用的是纤维较短的羊毛。因为纤维长的羊毛原材料本身要贵很多。为了克服起球这个问题,去毛球的小家电可以帮助到您,给您的针织衫第二次焕发新颜的机会。

一些有用的地址

Drake's of London
英国生产的品质不错的产品
网址：www. drakes-london. com

John Smedley
苏格兰的大型商店
网址：www. johnsmedley. com/fr

Johnston of Elgin
苏格兰的大型商店
地 址：Chez Colette，213，rue
Saint-Honoré
75001 Paris
网址：www. johnstonscashmere. com

L'Exemplaire
柔软的羊绒针织制品
地 址：Chez Colette，213，rue
Saint-Honoré
75001 Paris
网址：www. exemplaire. com/f

Mettez
苏格兰针织衫，有大量的乡村风
格的休闲款式可供选择
地址 12，bd. Malesherbes – 75008
Paris
网址：www. mettez. com

Monoprix
经常有很多质量很好的产品推荐
网址：www. monoprix. fr

Uniqlo
日本的大杂烩店，也会有很多经
典款
地址：17，rue Scribe – 75009 Paris
在法国的其他店址请访问
网址：www. uniqlo. com/fr

William Lockie
苏格兰的大型商店
网址：www. williamlockie. com

Wool Lovers
可在网上购物，有不计其数的经典
款可以选择
网址：www. woolovers. fr

裤子

　　如果安托万需要的服装主要是为了满足上班所需,他有时候也可以穿得简单点儿。当然穿牛仔裤是不合适的,所以他需要几条可以单穿的裤装。简单的黑色裤子,或者就是他的西服套装中的裤子也行。那么该怎样重组搭配呢?

关于裤子的简单介绍

　　在欧洲，直到文艺复兴时期，人们穿的都是长袍和披肩。罗马人的这种传统延续了很长时间，特别是在社会比较高的阶层当中相当流行。农民阶层穿的是原来高卢的马裤——门襟就是从这种系带的中长裤而来的。

　　也就是从文艺复兴时期开始，贵族们放弃了长袍而选择了短裤。如果说这是裤子的第一个版本的话，那么此时的裤子仍然隐藏在男士紧身短上衣的衬裙之下，最初被穿着的想法是为了将上半身和下半身的服饰分开。但是将裤子当做下装穿着并从短裤延长至鞋面而不再仅仅是马裤，还是在大革命时期，坦白地讲差不多是在意识形态相对淡化的十九世纪。

　　词条"裤子"本身来自一句俗语"到脚跟的服装"。从十九世纪下半叶开始，裤子的现代形式才固定下来，从此之后改动就比较少了，最后一次较大的改动发生在二十世纪六十年代，是由于拉链的发明。

　　裤子绝对是和剪裁艺术的大众文化有着亲缘关系。如果关于外套和马夹的主题可以单独成为一篇文章，那么这种由两条裤管组成的可以起到覆盖作用的长裤也可以引发人们的很大兴趣。我们将提及一些比较重要的剪裁细节，以便于在您下次购买裤子的时候能为您提供一些有用的参考。

　　从外观风格上来说，作为西装的一个补充部分的裤子在搭配上存在的潜在问题是比较少的。简单的形式，与外套一致的颜色，使搭配相对简单。但是当人们把裤子作为一件单品穿着，要与一件上衣、羊毛衫或者是一件衬衫相搭配的时候，那么问题也就来了。毫无悬念地，在当今时代，作为裤子牛仔裤已经有了裤子的任何形式。不管其搭配得正确与否，我们都可以拿来研究和参考。

　　裤子无疑是您衣柜里的基本单品。如果要搭配的裤子款式不合适，或者颜色不协调，那么要想在早上起床之后迅速地穿好衣服就不那么容易了。裤子是衣柜里最基础最保险的组成部分。找到一条合适的裤子，其他的服饰问题也就解决了。因此，不要吝啬于裤子的数量。

生产的秘密

羊毛

对于羊毛质地的裤子,灰色法兰绒长裤是绝对王者。从某种程度上说,它是单件外套上衣不可缺少的补充。法兰绒裤子有各种不同的颜色,但是尤以灰色最为理想,无论是深的还是浅的哪一种灰色,都不错。如果说英国人喜欢穿较为暗色的灰色,就像深灰色(碳色),那么意大利人就偏爱颜色较为浅色的灰色。为了达到较为柔软的效果,法兰绒裤子也可以混杂一点点羊绒。

为了让灰色的裤子不再单调,人们将那些或粗一些或细一些的毛织品的运动款外套与之搭配,可以说在人们的衣柜里,绝对可以找到那么几条粗花呢的、有如颜色目录陈列一般丰富的长裤,它们的颜色从褐色到绿色跨越了铁锈红和浅黄褐色的色调。这些颜色的裤子的确很难和一般的外套搭配(图案和纹理的搭配问题是比较讲究的),但是如果和一件针织衫或者衬衫搭配起来,效果就比较理想。

另外,最为经典的长裤单品是米色的双斜纹布的款式。只是,由于是羊毛的质地所以要拿到洗染店处理,因此作为一条休闲裤来讲这一点不太方便。

织物的重量

织物的重量有其重要性。布料的重量要适合季节的特点。冬天穿的布料要足够厚实以便保暖,而夏天的要轻便并且透气。确切地说,厚重的法兰绒长裤轻而易举地会被灰色细羊毛的裤子所代替,而它们所呈现出来的视觉效果却是相同的。

那么，怎么搭配?

　　在这个时候，安托万很可能选择这两种经典搭配:一条灰色精纺毛纱长裤(即有点类似毡制品的外观)和一条枯叶色的细人字条纹粗花呢长裤。

　　与裤子相搭配的是一件质量上乘的针织衫和一件简单的皮质夹克衫，这种搭配让人看起来干练而有效率。

安托万穿着粗花呢长裤搭配针织衫，以及穿着法兰绒长裤搭配粗花呢外套

那么,怎么搭配?

这种款式在衣柜里是必备的。但是您不必一定要买米色的。其他的颜色也可以成为经典,比如柔和的桃粉色、深绿色等等。对于意大利人而言,早已经把海军蓝的奇诺裤普及了。这种裤子搭配磨砂牛皮的皮鞋和米灰色系的拉链针织衫,可以大大提升优雅和休闲的感觉。

棉/奇诺

奇诺是美国人的重大发现(他们称之为"卡其")。在历史上曾是军服裤子,后来经过发展,在功能上逐渐替代了前面提到的双斜纹布。实际上,这是一种棉质长裤,颜色为米色或者和之前一样为灰黄色。二战之后,差不多和粗呢风衣一个时期风靡欧洲,那时正是马歇尔计划美国贸易顺差时期。

经典的奇诺是米色的。在特性上,它具有羊毛长裤的外形,在裤子的侧边和背面都有滚边口袋。它不同于牛仔裤——牛仔裤也可以是棉质的而不是牛仔布,奇诺裤没有后面镶贴的口袋。

裁剪的问题,奇诺裤可以是直筒的,也可以比较贴合腿的形状。它也可以有美式的前褶。这就意味着,在穿着上更为舒适,如果裤子贴近腿部的时候,我们的活动可以更为随意。

根据传统,人们将奇诺裤熨出裤线。这个规矩来自奇诺裤最初作为裤子的运动功能。在底部,裤子的卷边一贯简单地用机器缝制。

奇诺裤与有拉链的针织衫、衬衫和高帮
皮鞋相搭配,上图颜色为意式风格的组合

其他棉

除了羊毛长裤和奇诺裤之外,您可能还会喜欢灯芯绒。它有两种形式:

● **细条天鹅绒(用细条纹织成)**

这种通常受年轻人的青睐,为了避免天鹅绒布本身有点宽大松垮的效果,它的剪裁更贴合腿部的线条。

● **500 线的天鹅绒(用粗条纹织成)**

这是经典的版本,在英国大受欢迎。这种面料通常很保暖,可以在冰冷的冬天很好地抵御寒冷。这种面料打理起来也很容易,只要放进洗衣机里清洗就可以了。但是,像所有的裤子一样,熨烫还是比较麻烦。

天鹅绒的颜色也可以是多种多样的,这是它的巨大优势。但是通常情况下有两种颜色是最被推崇的:偏金褐色的米色和威士忌色(偏橙色)。棕色和杉树绿也是日常范围内的颜色。在如今,颜色无限多,所以找到柔和色调的或者粉色系的,再或者太跳跃激烈的颜色都不是什么少见多怪的事情。在冬天,胭脂红的天鹅绒裤子与单件(法兰绒)外套上衣搭配已经成为一种标签。在温和的色调里,安托万可以为介于铁锈红和橙色之间的"烧焦饼干"色的细条天鹅绒裤子选择搭配。

穿天鹅绒的安托万

经典的 500 线的天鹅绒长裤

有的天鹅绒长裤,裤子后边的口袋也可以带一个兜盖。但是,因为这种面料本身就比较厚实不太容易折叠,所以人们比较少加兜盖。当然,最后加不加还是个人喜好的问题。

裤子的腰部

要褶皱还是不要褶皱?

裤子前片的上半部分应该是完全平整的。这是迄今为止最为常见的一种形式,并且在历史上也一直是最为普遍的。二十世纪三十年代是一个崇尚身材高大魁梧的美男的时代。为了让人们穿着得更为舒适并强调轮廓的线条,裤子的褶皱有了很大的发展,也因此变大了。褶皱突出了收紧的腰部。在这儿有个词汇很重要:我们现在谈论的是裤子前片的褶皱。而通常被叫做"裆"的皱褶出现在裤子的后片,以小接缝的形式存在。

鼠皮缎

在冬天,可以使用鼠皮缎,最常见的法文译法为"鼹鼠皮",这是一种比较厚重的拉绒棉织物(所以有蓬松的触感),棕色或者深蓝色都是比较理想的颜色。

在前片没有褶皱的简洁毫无疑问是一种优势。这样做好的裤子是有一点儿紧贴的效果。当然，您可以按照您自己的喜好选择，但是我们仍然要说，现在的时尚认为褶皱应该少一些，能够充分展示体型的设计受到现在设计师的青睐。

注意，请不要将我们在这儿正在谈论的这个作为特殊结构的褶皱，与腿部的仅仅是用熨斗熨出来的裤线相混淆。

裤子的褶皱可以是一个也可以是两个。褶皱可以有两个方向：向内，被叫做法式（或者英式）褶皱；向外，被叫做意式褶皱。向内或者向外都有争议。我们需要注意的是，向内的褶皱是更为经典的和传统的。向外的版本是当代的发明，毫无疑问来自意大利成衣。向外的这个版本的好处在于褶皱可以使门襟平滑过渡，避免出现松松垮垮的效果。就是说，这种向外的褶皱很有可能是因为男性生殖器的凸起是在中间而慢慢发展而来的。也和内裤有关：平角内裤将凸起的部分固定在正中间，而三角内裤则有意顺从于人体（解剖学）结构上的自由，保留了生殖器自然的方向，任凭其向右或者向左。

要想裤子穿得好看就需要有个好看的臀部。在一般情况下，裤子不宜过紧。但令人棘手的是，在成衣广告里令人印象深刻的是穿紧身弹力裤的模特们！这种撕扯的紧绷感无处不在，在大腿、小腿，特别是在臀部也很明显——是的，男人也有臀部！所以不要听信售货员告诉你说为了舒适裤子侧边的口袋通常可以打开，这跟它一点关系也没有。而且也不美观。

无褶皱的裤子　　有一个向内的褶皱的裤子　　有两个向内的褶皱的裤子

裤兜

● 在侧面的裤兜

——在侧面的裤兜是最传统的。这样的设计允许将手很容易地插在口袋里,手的伸入角度也比较舒服。

——在裤子的缝合线上的口袋就没那么自在了,但是看上去特别有风度,裤子的线条干净、笔直。

——滚边口袋,这种通常是专属于那些礼仪裤子(比如说燕尾服)的口袋,因为裁剪相对复杂,所以能够很快地闭合。

——骑兵口袋从某种程度上可以说是牛仔裤口袋的原型。它是为骑手而逐步发展出来的,其开口朝上,这样对于坐在马鞍上的人来说比较方便和实用。这种口袋不适用于羊毛质地的裤子,因为它容易翘起卷边,所以适用于有一定硬度的棉质面料。

● 在后面的裤兜

——在臀部,裤子可以一边有一个口袋。请注意,如果裤子撕破了,一般都是从口袋角开始坏的,因为这个开口在人们坐下的时候承受着很强的张力。如果您的裤子只有一个后面的口袋(比如说在右边,如果您是右撇子的话),那么还算好。另外,裤子没有口袋,看起来就女性化一些。

——最简单的是带有钮扣的滚边口袋,扣子缝在兜盖上。同样地在滚边上,可以插入不同形式的兜盖,这样可以增加运动感。

——我们还能找到一种贴袋,牛仔裤的口袋就是这类的典型,而且已经成了牛仔裤本身的标志了。

● 腰包和大口袋(货物口袋)

——腰包正好位于皮带以下,一般是在右侧,有些个别时候也在左侧,通常类似于信用卡大小。它比较实用,人们可以装一张交通卡,这样不用掏出钱包也可以刷卡了。英国人的腰包有时候也带有兜盖。

——货物口袋是一种贴在大腿外侧的三角形或者菱形的大的贴袋。这种口袋说不上有多高的品位,但是却有自己的追随者,其运动功能十足。

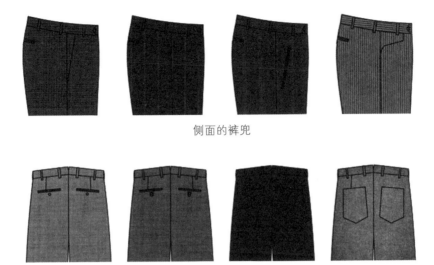

侧面的裤兜

后面的裤兜

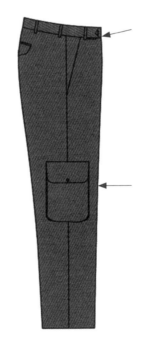

裤子的货物口袋和腰包

可以把手插在裤兜里吗？

一般来说,在法国,把手插在裤兜里边并不太好,这就好比是在广场上走路去践踏草坪一样的感觉。但是在英国,情况正好是相反的。如果您穿了一件有两个开衩的外套,那么就会有好几种将手插入裤兜的方式:

——英式方法(图 a):如果是他们发明了双开衩的外套,那么就是用来方便将手插入裤兜的。首先得找到最后边的开衩,然后顺着外套的下摆将手插入裤子的口袋。这个动作直截了当。

——法式方法(图 b):换句话说,就是没有办法! 要想将手插入裤子口袋就得掀起外套。如果穿的外套上装只有一条在西装背后正中间的开衩,那么就更为难。

——意式方法(图 c):我们的意大利朋友给了我们示范,他们将外套的下摆推到背后,这就露出了里衬,很显眼,但这也没有英式的那么直接。这样处理,衣物会起皱,布料都被显露出来。在法国,我们是受拉丁文化影响的高卢人,因此,我们可以选择意式也可以选择英式的插手方式,只有这两个才是比较优雅的。

a b c

裤管底部的裤脚

裤脚,绝对是有故事的角色!首先,它的宽度就是一个让人争论不断的话题,但是历史并没有明确地告诉我们答案,因为长裤是一个相对现代的发明。

裤脚翻边

无论是从形状上还是测量方式上,您都有多种的选择。对于那些不常见的形状,比如,有的裤脚褶皱像蜜蜂的翅膀一样劈开(边缘是三角形的,图 a),或者整个裤管劈开,没有褶皱(图 b)。比较典型的是裤脚有一个翻边(图 c),宽度大概在 3—5 厘米,依据您的喜好可以自己选择合适的宽度。但是即使裤角有翻边,也以看到为宜,不宜过宽。有一种处理方式比较有巴黎特色,就是仅仅在裤子的前片做一个翻边(图 d)。最后一种,简单的下摆(图 e)是比较英国化的。

测量

以厘米为测量单位,测量裤脚宽度的时候,要把裤子放平,将裤脚的前片和后片都折好,从前片的褶皱量到后片的褶皱。

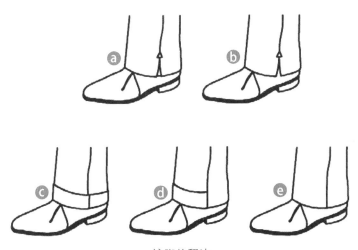

裤脚的翻边

宽度

当下,时尚专刊建议裤脚的宽度应该以能够覆盖到一半的鞋子为宜。这是一个非常个人化的判断尺度,每个人都有自己的立场。对于标准结构(比如,尺寸 50 号,1.80 米为例)我们比较建议他的羊毛西服套装的裤子裤脚宽度为 22 厘米,他的羊毛运动款式的裤子裤脚宽度为 20 厘米,而棉质的裤子裤脚宽度 19 厘米为宜。请注意,我们将裤脚收得越紧,裤腿就会越贴紧小腿。因此,当您坐在椅子上突然站起来,裤子很可能绑在小腿上,因为它很难滑动。

● **经典的裤脚(图 a)**

24—25 厘米宽,自然下垂,这是二十世纪三十年代英国的风格。这种宽度,现在仍然被指定为正式西裤的标准。

● **当代的错误(图 b)**

裤子的长度和以前是一样的,但是裤脚的宽度却大大缩减了,因此裤脚在鞋的上部磕磕绊绊地堆积在一起。

● **收紧的裤管(图 c)**

这是英式的时尚,把裤脚置于鞋子之上。

● **偏斜的裤脚(图 d)**

在大陆①地区,坦白地讲人们比较偏爱较长的裤腿,尤其是较长的裤腿后部。所以,比较理想的是去裁缝店或者修改服装的店里,将一些厚重布料制成的裤子的裤脚做成偏斜的。为此,有两种方法:裤管前片刚好触及到鞋而后片为了把鞋包住的完全倾斜的裁剪(图 d1);或者,采用希巴杜(Smalto)②的处理方式,裤管的前片是水平的,从缝合的中缝开始向后片倾斜(图 d2)。可以说,这种偏斜的裤管是不太容易改出来的,因为对于修改服装的人来说这其中涉及到很多技术,而且还要看裤子布料的质地,太薄的布料也没办法做出这种裤脚。

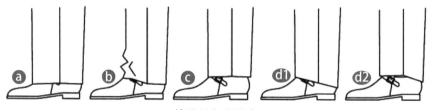

裤脚的各种形式

① 译者注,此处大陆地区指欧洲的大陆。

② 译者注,Francesco Smalto(1927.11.05—2015.04.05),意大利时装设计师。

裁剪,穿着与舒适

裁剪

裤子的裁剪也是在不断地发展的,我们一起经历了裤子从宽松到紧身的演变,从时尚的角度来说,这种十九世纪六十年代流行的紧身裤在当下是一种复古的时尚。

请注意裤子的用途。如果您是在工作的时候穿着,而且您在工作中坐着的时间比较长,那么裤子的大腿部分可能会使您感到比较绷紧,特别是羊毛面料的裤子还会紧束大腿令您感到不适。相反,棉质的面料更适合做稍微紧身一些的裤子,因为它的弹力很好。

穿着

关于裤子的高度的问题是特别令人为难的一点,尤其是在现在,低腰裤越来越多。实际上,每个人都有肚脐,在肚脐位置的裤腰我们称之为正常裤腰,也就是说,这个位置应该是您的胸围应该被收紧的地方。

● **正常腰围的裤子**

这种裤子的裤腰是刚好穿在肚脐之下、沿着腰部(肾脏部)向下在髋关节处扩大,髋关节起到了一定的支撑作用。

● **低腰裤**

裤子的腰围只到髋关节处,因此比较低。

高腰裤(经常和正常腰围的裤子混淆)

裤腰的位置在肚脐或者肚脐之上。在二十世纪三十年代,经常能看到几乎高到胸口的裤子。不同的时代有不同的时尚。由于技术的问题,高腰裤通常都会配有背带并且都很宽松,你甚至可以将手放入裤子里胃部和肚子中间的位置,因为在站着的时候,裤子是很宽松地包裹在身体之外的,靠着肩膀上的背带固定,一旦做下,柔软的肚子就会松弛下来,所以裤子不能够太紧。

舒适

对于裤子腰带的调整,您有两种选择。

一种方式,在夏天,一条质地不错的旧皮带或者一条有颜色的布,搭配上经典的在中间有小针的皮带扣。

另一种方式,通过裤子侧面的钩带调整裤腰的松紧。这样就会呈现出布料的褶皱,腰围可以通过一个金属环或者钮扣缩紧,但是这个磨损得非常快。还有一种是在裤子后面的中间进行调节,这是一个很古老的做法,比较适合于高腰的裤子。这一细节我们也可以在某些品牌的牛仔裤上发现。

用皮带、用调节扣、用古老的背部调节扣收尾

不匹配的裤子

"不匹配"这个词用在这儿的意思是指,有一类裤子不与和它相同面料的外套或者背心搭配起来穿。这种裤子就是用来单穿的。不匹配的裤子是最常见的,通常是缺乏图案的通篇一色的裤子。条纹的或者方格的裤子如果与它们相同面料的上装分开也没有多大用处。这就是说,如果想要穿着得更加前卫,您有了一个可以探索的领域!说到条纹图案的不匹配的裤子,很少会用到白底蓝色条纹的款式,因为它们意味着海的边缘。去打猎的话,可以穿方格的裤子;打高尔夫,可以穿在上个世纪八十年代带曾风靡一时的苏格兰花格尼裤子。

● 怎样穿着?

通常情况下,裤子后面的裤线应当是一条从臀部最丰满处开始的折痕,一直向下呈一条直线垂到鞋子的位置。这条主线构成了裤子的轮廓。臀部不应该被显得特别突出,膝盖也不应该被勒紧,裤子的口袋也不应该用来调整舒适度。但是在如今,很多的顾客都在寻求一种贴身的风格,因此这已经不是经典的,而是时尚的问题了。

裤子后面的裤线,经典版和现代版

丁丁穿的是哪种裤子?

丁丁穿的是被英国人叫做灯笼裤的裤子。这是裤子的原型鼻祖,也是介于短裤和长裤之间的人为改造的款式。灯笼裤有两种形式:＋4,这种裤子稍微长一些,是为了参与高尔夫或者骑自行车的活动;另一种＋2,是在打猎的时候穿。现在,灯笼裤还被猎手穿着,它的现代形式被叫做马裤。(请记住这个词,它已经很古老了。)

旁系亲属

牛仔裤

"牛仔裤"这个词来自意大利城市热那亚的法语翻译。在美国,人们依据它的颜色称之为"蓝色牛仔裤"。我们还记得,斜纹厚棉布被叫做"牛仔布",牛仔布是斜纹厚棉布在经过一个靛蓝染色的复杂工艺之后,其织纹的对角线留下了一些蓝色的线而形成的。这种用于做牛仔裤的牛仔布,它的名字来自法国的城市尼姆。但一种更为国际化的说法是这是美国流行文化的一部分!

啊!牛仔裤!的确说不上是优雅,但是绝对是二十世纪和二十一世纪的代表服装。无论它的形式是多么地简单和简约,也不影响它在中产阶级中广为流传!

穿着浅色牛仔裤和方格外套的安托万,意式风格

● **款式的问题**

牛仔裤的前片有两个边缘弯曲的骑兵大口袋(这对于骑马的牛仔来说很实用),后面有两个底端呈三角形的贴袋口袋。对设计师们来说,很多风格设计上的细节是他们最喜欢的工作环节之一,因为这可以让他们充分地发挥自己的想象力。其中最具代表性的细节是铜柳钉在裤子上的应用,它加强了口袋缝合的牢固性。以此为例抛砖引玉,举一反三,我们可以将自己的创造力无限扩大。

● **面料的问题**

我们能够找到现成的牛仔布,但是有一些牛仔裤也是由一些混合面料做成的,比如棉和丝的混合材料、棉和麻甚至是棉和凯夫拉尔纤维的混合面料。

● **颜色的问题**

褪色的蓝色慢慢回归到时尚界。这就是说,最好看的牛仔裤还是那种具有比较自然的褪色效果的蓝色。黑色的牛仔裤——就像其他的黑色单品一样——不是经典款,不是很实用而且难于搭配。相反,灰色的牛仔裤倒是完全被低估的却又必须拥有的单品,但遗憾的是很难找到。

夏季的短裤/百慕大短裤①

在裤子大类里,最后要介绍的是夏天的短裤。如果,有些时候,人们在海边度假,比较喜欢精致的棉质或者亚麻的裤子,那么百慕大短裤就是一件必需品!

● **长度的问题**

百慕大短裤的长度根据季节的不同以及时尚趋势的变化,可以有很多种长度。经典的版本,短裤应该盖住膝盖,或者刚好到膝盖,再或者刚好到膝盖上边。侦查爱好者的短裤一般到大腿的中部。短裤的长度,说到底仍然是个人喜好的问题。

● **面料的问题**

棉几乎是百慕大短裤的主打材料。颜色比较多,可以供您选择。很显然,一条白色的或者蓝色短裤配上一条皮带,最容易和马球衫或者衬衫相搭配。百慕大短裤的搭配也有反面的例子,比如和短袖衬衫相搭配的时候会有很奇怪的效果。

---

① 译者注,百慕大短裤,一种齐膝盖的紧身短裤。

那么,穿什么?

安托万已经有几条 Renhsen 和里维斯的牛仔裤,为了给衣柜添置新款,他选择了水洗白的牛仔裤,这条裤子可以和浅色的外套搭配,有着意式风格。

建议及保养

　　对于裤子的洗涤,相对来说比较简单。如果是一条羊毛裤子,就应该送到洗染店里去干洗。您也可以自己把它放到洗衣机里,选择冷水羊毛洗的那一档,但是这样羊毛裤子有可能过早地被破坏。不过,您可以轻松容易地自己处理您的棉质裤子。

　　护理裤子的难处并不是对裤子的清洁,而是熨烫,特别是对那些需要有裤线的羊毛质地的裤子的熨烫。棉质裤子不用或者很少需要熨烫,最多也就是把髋关节的位置拉平,因为整条裤子在您穿的时候就可以抻开了。

　　对裤子的洗涤次数取决于您穿着的次数:羊毛的裤子,用于工作场合的,它并不是很容易被弄脏。因此,如果您每周穿一次,那么这条裤子每个月清洗一次就足够了。相反,棉质的裤子和牛仔裤,如果您每天都穿,那么清洗的次数就需要多一些了。

一些有用的地址

Albert Arts
意式制作
7，promenade des Anglais
06000 nice
网址：albert-arts. eu

APC Jeans
质量考究的法国品牌
www. apc. fr

Arthur & Fox
质量上乘的法国商店，特别是他
们家的法兰绒衣服
159，boulevard Saint-Germain
75006 Paris

Brooks Brothers
美式的经典款
www. brooksbrothers. com

Cordings
有经典款的一家大型的英国店
www. cordings. co. uk

Cremieux
比较奇特的学生装
185，bd. Saint Germain-75007 Paris
https：//danielcremieux. com

Dockers
奇诺裤.
www. dockers. com/fr

Pantaloni Torino，PT01
质量上乘的意式裤装，特别是奇诺裤
Chez Cairns，55，boulevard de
Courcelles - 75017 Paris
www. pt01. it

Uniqlo
包罗万象的日本商店，有一些是
经典款式
17，rue Scribe - 75009 Paris
… et ailleurs en France.
www. uniqlo. com/fr

外套

　　除了一件在大打折的时候买的已经被弄坏了的亚麻衬衫之外,安托万从来没有一件真正的外套。因为是学生,他的衣服都是运动款,如果不做调整的话根本无法很好地满足他现在的工作需要。安托万因此去逛了一些精品店,但是仍然没有理清头绪。在网上,他发现了几个"个人定制"的销售网站,但是要做一些选择问卷以方便确定款式和尺码。就这样又有新的问题出现了。

关于外套的简单介绍

我们所知道的外套,也就是短款的上装,最早出现在十九世纪的英国。最富有的那一群人穿的比较长的礼服被叫做"燕尾服",是由贵族的长袍演化过来的。英国的贵族有一个特殊性:他们经常有规律地聚在一起,一半时间在伦敦,穿着城市服装,还有一半时间在乡下,穿着乡村打扮。为了方便骑马或者打猎,裁缝将原有的长款衣服缩短了,这就是外套! 威尔士王子,维多利亚女王的儿子,后来的爱德华七世,我们在很多肖像画上看到了他也穿着这种外套。外套在放弃了镶金饰品之后,又丢弃了原来的长度,第二次向现代衣服迈近了一步。

从二十世纪初开始,古代和现代的斗争过程就是衣服长款的支持者和短款的改造者之间的争论过程,短款外套慢慢被推广,到了二十世纪四十年代左右,基本上已经是目前看到的形式了。

最初,外套是被单独穿着的,后来人们给它配上了相同面料的裤子,做成了西服套装。但是它单独穿着的最初用法,目前在一些不是特别正式的场合比如工作中、城市生活里还是可以看到的。

一件外套集成了很多小的细节(衣服口袋、翻领、缝合缝等等),它们各不相同,因此呈现出不同的风格。在同一个常规款的基础上,也可以组合出很多种不同,营造出不同的品味。但它们的根本用途是一样的。

通过这些款式细节,我们将一起研究外套的成衣技术,从最传统的手工的技艺到最现代的科学的技术。这将是一个很好的机会,让我们能够更好地理解隐藏在织物背后的、能够让外套穿着更长久的秘密,因为这才应该是生产出来的产品最有技术含量的部分。在工业领域,人们称其为"机器生产出来的零件"。这种技术的大量应用也是有经济成本的,这就是为什么外套总是比裤子或者针织衫更贵的原因。

不同的风格和工艺组成了新的材料,怎样选择(粗纺毛织物或者衬里),你又期待它带来怎样的舒适感受? 特别是,什么颜色和图案能够适用于什么样的风格? 这些都是我们试图回答的问题。

生产的秘密

　　裁剪的艺术呼应着那些追随着时尚潮流以及工艺与面料发展的特别细腻的技术，这些技术是几个世纪以来逐渐提炼而成的。在1859年，美国的布鲁克斯兄弟公司借助于缝纫机的令人难以置信的增长优势，完成了第一批成衣订单。

　　做一件外套，如同做领带一样，必然要有布和各种填充材料。特别是对于正面尤其如此，因正面需要比较挺实的效果，否则就容易褶皱堆在一起。

加衬布

　　这是传统的方法。在裁缝店为了使成衣更漂亮，而给未加工的羊毛面料加衬布，这是制衣的一个重要组成部分。这样处理的结果可以使衣服的前胸挺括有型。布料本身会下垂堆积，缝在上边的口袋可以有加强支撑的作用。这种解决方案保证了外套可以有最长的使用寿命。

热胶合法

　　布料的树脂热胶合法相比较于之前的加衬布的方法来说，是一种既快速又造价不高的方法。世界范围内的外套制衣产品中有90％是采用这种方法的。不可否认，这是比较容易实现的技术，并且在实际的操作中其完成的质量也是不错的。经过这样处理的外套，都更为柔软，尽管比起加衬布的方法来说外套的前片稍微硬一些。热胶合法的主要缺点是在洗染店里过度熨烫的时候会出现一些小泡，这就是容易剥落的热胶合法。

　　还有一种方式，是第二种方法的衍生，被称之为"半传统的"。除了热胶合法之外，为了形成一个优雅的躯干的轮廓，"半传统法"排列了胸前局部的布料。但是它同样具有容易老化的缺点。

　　在成衣店，这些制作方法的不同最终会体现在价格上。质量好的加衬布外套至少需要1000欧元，而一件热胶合法的外套只需要100欧。

手工的、工业的或者是半定制的

　　大制作通常是在工作坊，现场制作。这就是手工缝制，相当于为女性做的高级定制。

　　参考价：6000欧

　　工业化的和半定制的制作，是在衣服的制作过程中，或多或少有工业化的流程。制作出来的产品其质量也可能有很大的差异。

　　参考价：300—3000欧

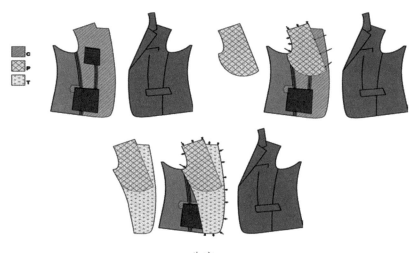

生产：
C＝热胶合法；P＝羊毛的上衣的前胸和马鬃
T＝未加工的羊毛面料

材料

做外套的首选材料是羊毛，这跟做西装是一样的。但是，对于那些运动款式的外套，羊毛可以添加成分或者经过特别处理。这样可以使羊毛光滑柔软或者像法兰绒一样有毡子的质感，羊毛可以是未经过加工的，像粗花呢一样或者柔软得像亚洲小山羊的羊绒。

还有可以用来制作单件外套的其他材料，比如棉或者亚麻。这些材料也可以互相混合，或者把它们和丝混合在一起以显华贵。人们同样可以看到竹纤维的不断涌现，特别柔软。总之，选择是十分广泛的。

如何区分布料的种类，要靠它的重量。当代做西装的羊毛面料是每延米 200—400 克。具体用哪一种重量的面料取决于其用途，要看是在冬天还是夏天使用。同样还有"超 100's"和"超 120's"的概念，这意味着实际上会使用纤维度更细的面料。数字越高的纤维越贵。但是同样的纤维，我们可以得到厚重的织物，也可以织出纤薄的织物。因此，纤维度的指数无法给我们有关布匹季节性的信息，这最多只是一个商业的说法。

很显然，最好的服饰作品都留在巴黎、伦敦和那不勒斯的大裁缝店里生产制作。业内最漂亮的产品在意大利，最普通质量的产品出自葡萄牙或者罗马尼亚，而低端的产品在中国生产。

一般形式

外套是穿在上身躯干最外边的、前边开口、借助钮扣闭合、缝了两个袖子的衣服。

衣服的躯干由多个部分组成：

——前片，左边的和右边的；

——侧边；

——背部的两片。

接缝不是笔直的，相反却是弯曲的，而这种相对弯曲经常是为了最大限度地做出贴合人体曲线的轮廓。为了加强衣服贴合身体的效果，经常用"褶儿"来实现收合；这是在衣服前片的情况，一贯如此。这个褶儿在插入衣兜的地方结束，合并起来。

衣服的钮扣系统可以让外套看起来各不相同。钉钮扣可以是单排，也可以是双排的。至于钮扣的数量，可以缝一粒，也可以两粒或者三粒。

外套的开口由三个元素组成：外套的底边，钮扣和翻边。

外套的底部

一件单排扣上衣，它的底边经常是圆形的外廓。这种弯曲的形式是追随时尚的结果：上衣在上个世纪五六十年代还是要把扣子系紧的，后来才有敞开的趋势。除此之外，我们同样也能找到方形的底边，这样的上衣一般都配有典型的立领（军官领）——或者是从军装汲取灵感，看起来更为正式。

比如说，用于婚礼的长袍式的外套，通常比一般的外套要长一些，它的底边就是方形的，看起来充满阳刚之气。

那些双排扣的设计是源自军服的，底边必然是方形的，尽管有时候设计师自娱自乐地将直角改成圆边。

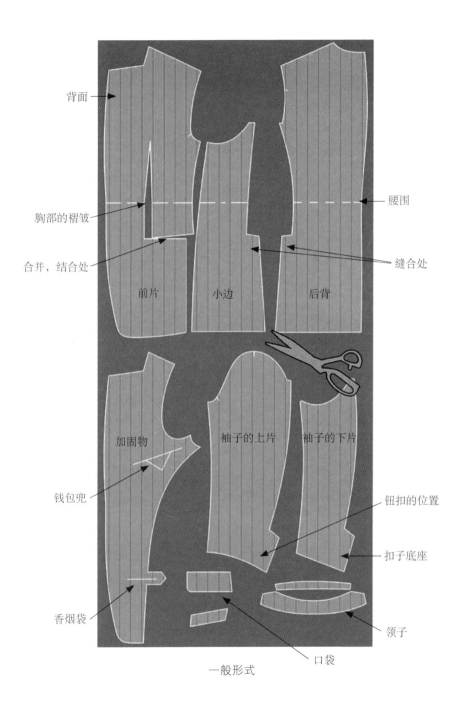

背面

腰围

胸部的褶皱

合并，结合处

缝合处

前片

小边

后背

加固物

袖子的上片

袖子的下片

钱包兜

钮扣的位置

扣子底座

香烟袋

领子

口袋

一般形式

钮扣系统

无论是单排扣的还是双排扣的,男士的外套总是扣着的——始终是——在钮扣的帮助下扣着的。

另外,钮扣总是缝在衣服的右边,而扣眼在左边,女士的衣服与此相反。

● **关于单排扣外套**

钮扣的数量可以不同,但总是排列成一排。大概在十九世纪八十年代左右,早期的短款外套,是为了适应运动的方便,钮扣多达 6 枚!那时候外套的领子通常是立领(军官领),把领子翻下来,于是发明了翻边。

慢慢地,外套上衣钮扣的两种形式被固定下来:

——三粒扣子的外套:这种外套不太表露人的性格,是比较审慎的。

——两粒扣子的外套:是比较感情外露的,可以展示的也更多,比如可以搭配领带。

但是,这些只是品味问题,安托万因此可以选择他自己喜欢的款式。

钮扣的设置有一点是不变的:钮扣的位置应该是在肚脐之上 2 厘米处,尽管有时候钮扣的设置也是一个关于风格和结构的问题。一粒扣的外套首先是属于燕尾服的,但是在城市西装中使用,也可以风度翩翩。

● **关于双排扣外套**

这种外套的扣子有四粒,缝在衣服上呈一个方形,其中有两粒是实际使用的,另外两粒是虚设的装饰,显得对称。在衣服的里边藏着一粒扣子,它是用来支撑下摆的钮扣叫做"召回扣"(《de rappel》)。另外,在这个钮扣组成的方形,之上经常有两粒可以移动的扣子,它们只是虚设的装饰。上个世纪八十年代流行的一些双排扣的外套,钮扣的位置很低。

共同点

不管是什么款式,衣服的最后一粒扣子是永远不需要扣上的。这种作法可以追溯到很久以前但并没有正式的解释,因为仅仅是系着的钮扣就可以使衣服的整体收紧。我们可以忽略最后一粒没有用的扣子,除了一粒钮扣的衣服。

单排扣外套

6x2　　　　4x2　　　　4x1

双排扣外套

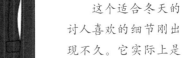

衬里里的拉链

这个适合冬天的讨人喜欢的细节刚出现不久。它实际上是一个像套头针织衫一样的翻领（有时候是个兜帽），在外套的里边有拉链用来连接，这样给人一种外套里边穿了针织衫的感觉。

翻领

翻领又叫"驳头",是胸前领子里襟上部向外翻折的部位,其主要特征是它的"翻领切口"。正是它的形式定义了它的名字,这是一个合乎语法规则的省略形式。

● **军官领的形式(图ⓐ)**

这是最古老的形式,外套的主体向上延伸一直到颈部,有一小条布料处在衣服的边缘作为领子,这种形式只能看到一点点衬衫的领子。立领无法看到领座上的钮扣,最多是一个隐藏的金属商标。倒是毛式领可以显出钮扣。

随着时间的流逝,无论我们是否情愿,军官领都被淘汰了。此后,它不再成为设计师们寻找的多变主题。

● **运动风的翻领(图ⓑ)**

它在世界范围内广泛流传,这是最简单的形式。这种翻领尺寸的变化有很多种,意大利人喜欢小的,而英国人喜欢大的。在这种领子的左边翻领上,我们可以看见,一个小的固定在领子上的有扣眼的狭带扣,可以让领子和翻领立起来,就好像过去的军官领一样——在粗花呢外套上这种细节也一直保留着。这种运动风格的领子是彻底和双排扣的形式无关的,但是设计师有时候也会这样推荐一下。

● **尖的翻领(图ⓒ)**

这几乎是双排扣外套专属的领子样式。但是到了上个世纪三十年代,单排扣外套也成功地使用了这种款式。

● **交叉式圆翻领(图ⓓ),又叫披肩领**

人们融合了领子和翻领而得出了披肩领,这个款式的领子很正式,适合燕尾服,但它也适合那些休闲的外套,因为领子很容易立起来,在天气凉的时候保护颈部。

翻领切口的形式跟随着时尚的变化而有很多种。今天,它们被设计得很高一直到肩膀上,但这跟上个世纪八十年代的风格刚好相反,只是翻领的宽度是一样的。一般领宽是8—9厘米,纤细版的只有5—6厘米宽,意大利式的是10—11厘米左右。

在翻领的左边,有一个装饰性的扣眼,可以佩戴一个纪念物。有时候也可以别一枚荣誉勋章。

那么,怎样搭配?

安托万看到的大多数的外套,都是运动风格的衣领。这是最简单的款式,经典又不容易出错,所以裁缝和设计师一致推荐。相反,如果为了婚礼做准备,那么最好选择一件尖领的上衣,这样看上去更"光鲜"。运动翻领也能完美地搭配在一件休闲的外套上,创造出一种简约风格的效果。

交叉式圆翻领(披肩领),它特别适合晚礼服比如燕尾服,但是它搭配不同的面料,比如粗花呢,也同样能够制造出休闲的效果。这款领子会包住整个脖子,所以请谨慎选择。

翻领的例子

背后的开衩

两个开衩

与前文我们已经提到的外套的前面部分不同,外套的背面部分是由两片面料在中间缝合而成的,中间有轻微的轮廓曲线,这样可以在肩胛骨的地方有一些弧度,让手臂可以舒适地朝前摆动。

衣服的背部不应该是紧绷的,尤其是在与袖子相连接的地方。被称作"plis d'aisance"的两个轻微的褶皱,可以避免"紧身衣"的效果。大牌的裁缝能够在保持衣服舒适性的同时,将褶皱减到最少,这就是他们工作的技巧和艺术。

后片的底部,安托万经常想弄明白那些不同位置的开衩。这些开衩可以方便将手插入裤袋或者使衣服穿起来更舒适,特别是在我们坐着的时候。

最初,都市款外套没有开衩,衣服躯干的部分是一个收腰的管状布桶。现在这种形式在燕尾服上还有所保留。

英国绅士为了参与运动,特别是马术项目而采纳了短款的外套上衣,外套后背中央才有了开衩。

我们谈论的是有一条开衩的外套。在那些休闲的棉质外套上,这个开衩有时候被错开,又被叫做"hook tail"。有一条开衩的外套的款式随后发展成都市款外套。

为了在连续地做一个相同的动作的时候也很舒适,开衩被设置成两个,这种设置是在上个世纪四十年代开始的。这种两条开衩的上衣很快在英国流行起来,包括在非常谨慎严肃的银行业流行,并且成为英式的经典款。相比之下,法国人仍然还是钟情于只有一条开衩的外套,更加正式,像在证明外套是打了大牌的标签例如迪奥或者是伊夫·圣·洛朗一样。

如果是在办公室里穿,这些开衩千万不要太短,至少要 20 厘米长。

一个开衩

老式开衩

袖子

● 细节

袖子是一对的,他们分别在上衣躯干的两侧。袖子的裁剪和缝合体现了很高的缝纫技巧和裁剪艺术。

袖子的袖口部分缝有钮扣。这些扣子可以是起装饰作用的,但如果他们是实际具有功能性的,那么这将是一种外套价值的符号。袖口边的扣子,请轻易不要打开它! 至于此处钮扣的数量,有多种可能。似乎比较常见的是 4 粒,但是 3 粒或者 5 粒在销售中也同样比较常见。超过这个数量,就显得太多了。少于此,就比较接近上个世纪五六十年代的精神,那个时候的袖口只放置一粒或者两粒扣子,有时候甚至一粒都不放。

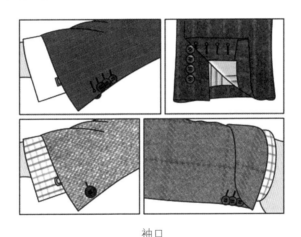

袖口

在手肘的部分,我们可以贴一块磨砂皮或者其他的布料——大多数时候,这个肘部的贴布处理是在工厂里就完成了的,贴布的审美原因大于实际的应用意义。这一小块颜色上的改变带来了衣服风格上的改变。但是,这个细节的处理并不适合商务西装。

● 衣服的缝合组接

外套的袖子按照传统呈柱状地缝在衣服的躯干上,也就是说,袖管的直径要比上半身衣服主体预留出来的袖管的直径大几厘米。为了舒适,这样有预留的剪裁是十分有必要的。为了在保证舒适的同时又使衣服的外观看起来很漂亮,人们借助于在衣服的里边袖子靠近肩膀的位置放置一小块布料,它或多或少地能体现出裁缝或者设计师的愿望。这种缝合,有一点儿巴洛克式的风格,力求使人的肩膀宽阔起来,以方便在肩膀两边放置垫肩。

第二种技术是内部的反向缝合技术,越来越多被应用于运动款式的外套和更为精细的材料上为了显示肩部本来的特征,袖子的缝合之处消除了那些不必要的装饰。这样就可以使外套的肩部"下垂"。

那么,穿什么?

安托万在商场里买了商务西装。这些衣服的肩膀都被垫高了。但是在裁缝店,安托万委托裁缝将粗花呢外套的垫高了的垫肩修改成合适的高度,这样看上去更为休闲自然一些。

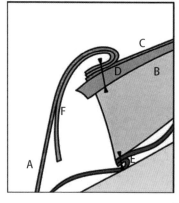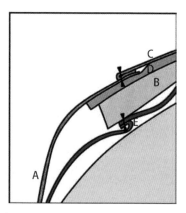

缝合
A=袖子　B=肩膀　C=衣服的肩膀
D=加固的布　E=衬里　F=垫布

口袋

带翻边的口袋是外套最重要的风格要点之一。通过互联网,安托万在寻找自己的西装的时候做了很多网站的询问选项,这些选项给了他很多参考。

● **胸前的口袋**

这个口袋总是被放置在左边,低于袖窿(衣衫接袖处)的高度。口袋上的布有一个轻微倾斜角度,呈一个小矩形——更确切地说是一个平行四边形。这是规范的形式。当外套的面料是条纹或者方格的时候,口袋布的图案必须和外套躯干的这一小块布相搭配一致。这种款式的口袋也用在夹克上。有时候,胸前的口袋也采用有盖口袋的形式。

侧面的口袋

款式众多

最经典的是口袋上边镶着边的款式。镶着的边是两条小块布料，像边框一样围绕着口袋，这样口袋就像一个洞一样深入衣服，手借助这个"洞"可以伸入衣兜。在这个"洞"之上，还可以有兜盖，兜盖有表层的布料和里层的衬里（兜盖的表层图案要和外套上衣的图案相一致）。

按照传统，两个侧面的口袋是水平的。如果没有兜盖，是最正式的，比如燕尾服就没有外翻的兜盖。兜盖也可以用在双排扣外套上，如果不是个人喜好所致，一般也不设置兜盖。

侧面的口袋也可以成一定的角度。这个细节经常出现在马术运动的外套上，侧面口袋上的倾斜可以增加骑手的风采。这种有一定角度的侧面口袋，已经成为英式商务西装的标准设计，并受到了很多品牌的认可。而意大利人、法国人和美国人则更喜欢水平的侧兜。

第二大类的侧兜是贴袋式的。这是一个完美的运动款式，对于那些喜欢把手插在衣兜里的人来说，这种侧兜绝对最舒适不过了。但另一方面看，这个款式太休闲了。

车票口袋，或者英式口袋

这完全是一个英式的细节。车票口袋在右边，在侧兜之上，与侧兜对齐或稍微偏后。之所以叫车票口袋，是因为它的发明是出于英国绅士的需要，他们要坐火车回到乡下的家，因此需要一个专门的口袋——装他们的火车票！

斜边口袋的故事

据报道，是一位叫皮尔·卡丹的法国人，在英国人面前捍卫了自己的观点。在上个世纪六十年代初，皮尔·卡丹要为演员 patrick macnee，别名 John steed 在电视剧《礼帽和皮靴》(chapeau melon et bottes)中设计服装，是他提出了斜边口袋这个想法。安托万可以毫无顾虑地依据他自己的喜好选择这个款式的口袋。

它的最大的特点是它是一大块布料直接缝在衣服的侧面的。正因如此,它可能被撕裂的风险相对于镶边口袋来说小很多,而镶边口袋的边角容易撕坏,口袋比较容易破裂。

贴袋有各种各样的变化。它可以有一个凹下去的褶皱,呈现出打猎风格,或者倒过来而比较有军人气质。贴袋同样也可以裁剪成有斜度的款式。至于兜盖,如果它被缝在上边,将是一个有兜盖的贴袋,如果兜盖通过镶边的处理直接缝在口袋里边(这是一个比较复杂的款式),那么就是一个信箱口袋。

那么,怎么搭配?

贴袋口袋很少用于西服套装的上衣上(也许夏季的棉质或薄羊毛西装除外)这与镶边口袋的情况刚好相反。镶边口袋与粗花呢比较搭配。安托万为了他的垂肩的外套,也是考虑再三。

两个水平侧袋

两个斜角口袋

两个镶边口袋

两个镶边口袋

一个车票口袋

两个贴袋　　　　　　　　两个有兜盖的贴袋

两个有折叠皱褶的贴袋　　　　　三个贴袋

胸部的口袋可以用贴袋吗？

　　这个随您！外套上已经有了侧面的两个贴袋，那么胸部放置一个经典的胸部口袋或者是一个胸部贴袋都是可以的，只是和侧袋相比，都要按比例缩小就可以了。但是，如果您喜欢放置一块手帕，那么胸部的贴袋就会显得过于膨胀，因此在这种情况下，经典的胸部口袋就更为理想。

　　至于有三个贴袋的外套，它的运动风格是比较明显的。

衬里

外套的里边装有衬里,以确保裁缝说的"整洁",也就是说,隐藏所有的接缝和织物的毛边。

● 口袋

每一侧的衬里长度,以能放置四个或五个内部口袋为宜。一般来讲,有两个放钱包的口袋在上边,与之对称的,有一个放笔的口袋——只在左边,这是给右撇子提供方便的——就在钱包口袋下边。在左边向下一点,是香烟口袋,我们现在也可以把它重新命名为"手机口袋",因为金属烟盒正在消失!在裁缝店,我们可以要求加一个眼镜口袋,也是设置在左边的,靠近腋下的位置。

● 面料

关于面料,它的选择更替得很快,而且越来越倾向于人工材料。丝绸不实用因为它磨损得特别快。相反,含纤维素织物的发明——人造丝很好地解决了这个问题。它实际上是纸浆衍生物,摸起来柔软、丝滑并有耐磨损的特性。它们是石油有机合成的衍生物,就像尼龙或者聚酯一样,但是会有味道造成呼吸困难,所以我们只是在比较低端的外套中才会找到它。在商业销售中,它们被叫做"粘胶纤维"、"铜氨纤维"或者"醋酸纤维"。

● 衬里的类型

随着技术的变革和材料的细化,没有加衬里的外套上衣越来越常见。但是衬里还是应该加上的,现在介绍四种类型:

——全衬里(图 a);

——不加背部的衬里,有时候又被叫做"四分之一背部"(图 b),保留了内部口袋的衬里,背部的衬里只保留一小片。

——不加衬里(图 c):在这儿,只有背部较高处的一小块儿衬里。这是展示衣服内部结构的好方法,而且相对简约!布料的边缘都像衬衣一样缝合,但是内部不再有口袋的衬里。

——无衬里,有时候又被叫做"丝巾外套"(图 d):这种时候,衣服的内部口袋都不存在了。

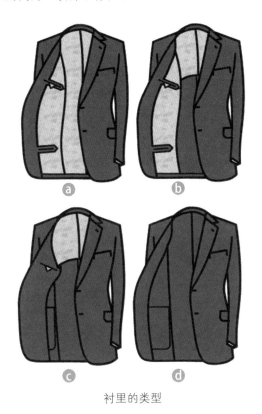

衬里的类型

装有衬里的袖子

袖子也可以装上衬里。衬里应该是和外套主体相同的颜色或者是白色带彩色条纹的,这被叫做"mignonnette"。裁缝们使用它是因为它比经典衬里要结实很多,在我们穿衣服的时候拳头会经常与袖管摩擦,用这种衬里比较耐磨。

测量

● **调整**

在这里,必须要反复强调,外套不是浴袍!我们不是穿着它去游泳,也不是只求把自己装在里边就行。一件外套应该尽可能地贴身合体。在尺寸上,一名年轻男子和一位上了些年纪的先生,他们的衣服有着明显的区别,但是人们往往为了舒适而自动选择大一号的衣服。外套穿上去应该有一点儿紧,而您不感到局促为宜。然而在法国,我们看到稍有年纪的人穿的衣服太大,而有些年轻人穿的衣服过紧。前者是为了舒适,后者就有些

那么，怎样搭配？

在安托万选择他的第一件真正的外套的时候，为了找到合适他的型号，他测量了胸围。他也确认了肩部的正确宽度，以确保手臂在袖子顶端不会太突出（图4）。如果衣服的肩部太窄，应该尝试换大一号的衣服，但是有可能胸围和背部都会随之偏大。

卖弄了。有位裁缝大师说过，"一件衣服撑起一个人的门面"，这是个真理。衣服不应该是没有表现力的。接下来的问题就来自肩膀太宽和不够宽的那些人，他们的衣服有别于标准版。于是，在实际改尺寸之前，应该试穿一件肩宽合适的外套，然后再修改。

● 长度

因为时尚经常变换，因此长度也各不相同。通常来说，外套的长度大概应该到拇指的中间位置，请与您的大腿比较，根据您的上半身长度缓和过度。但是这只是一个标准的参考。外套也应该遮住臀部，尽管现在的时尚已经不这样了；但未来十年，我们的主张也许会反过来。

● 修改

外套买来就立刻能穿的情况是比较少见的，常常都是需要做一些修饰改动的。首先，为了接近自己的尺寸，需要收紧一些衣服的腰身，但是不能太突出臀部也不能收得太紧，否则就会在系扣的时候出现一个巨大的"X"褶皱（图3）。

通常情况下，会把外套的袖子缩短以便露出一点儿衬衫的袖口——5毫米比较合适——或者至少袖子应该不把手再次覆盖，否则穿着效果会很差。

如果外套是量体裁衣而成的，那么许多细节都会被处理好，比如对于肩高的校对（因为我们的左右肩膀都不是完全平衡对称的）、袖子的舒适度或者是背部的开衩缝的修改。

怎样找到自己的尺寸呢？

这个问题相对来说是比较简单的：测量一下您的胸围，将尺子紧贴腋下位置绕胸一周，测量两次取平均值。如果您得到的胸围结果是96厘米，那么您穿48码的衣服，如果是100厘米，那么您穿50码的衣服，这是尺寸模板。如果您的数据介于二者之间，那么，请联系裁缝！

买来时的样子　　　　　　收紧腰身，缩短袖子

腰身收得过紧　　　　　　肩部过紧

背部合适的尺寸　　　　　胯部收得过紧，领口的褶皱

不同的风格

我们将用专门的一章来细说一下西装专有的颜色,但是我们在谈论单穿的外套上衣的时候已经很接近于这个话题了。因为如果外套上衣不是西服套装的一部分的话,它就是不成套的一件外衣单品,或者一件运动上衣,英国人管它叫做"不配套夹克",美国人叫做"运动外套"。这种外套的下身搭配的是与其材质不相同的裤子,要么是羊毛的,要么是棉质的或者是亚麻的。

裤子和配饰的选择

为了给衣柜添置新款,安托万要买一件运动夹克。那么怎样选择呢? 首先,应该弄清楚这件衣服需要在什么情况下穿着。也许是周五的工作日,或者周末? 其次,该怎么搭配呢?

然后要为这件外套找到合适的裤子,目的是创造整体上的和谐,这种和谐要从裤子的颜色和面料上反映出来。

"合适的"裤子最典型的是灰色的裤子——有很多种深浅不一的灰色,冬天也可以用毡绒布。为了让选择简化,一件短款的人字形斜纹的粗花呢外套是特别理想的,不太引人注意的花纹适合所有季节。在英式风格里,一件大方格的颜色丰富的粗花呢外套也可以这么穿。

灰黄色的棉质奇诺裤子也应该常备。比起羊毛质地的裤子,它显得更加休闲一些,奇诺裤要是和一件稍微染成云纹彩色的棕色外套在一起穿,将是绝好的搭配。如果衣服的肘部有浅米色的贴饰,也将会是很有意思的。

还有牛仔裤。和蓝色牛仔裤搭配,安托万可以穿一件灰色的蓝格上衣外套,看上去简单又有效率。

搭配同时还要和衬衫、袜子或者其他配饰一起进行。

和浅棕色的外套搭配,深棕色的裤子和铁锈红的袜子,可以毫不费力地为安托万营造出森林色调。而和米色蓝格外套搭配的时候,安托万最好是穿一条天蓝色的裤子。

简单的不同风格

一般来说,运动款式的外套都是纯色或者方格的。而条纹图案就几乎是给西服套装预留的图案——即使是大衣也是一样的。简单地说,一件格子外套,您不能——如果您想要穿得优雅的话——不能再搭配条纹的衬衫了。和之前的搭配规律一样,这两种图案的搭配也遵循这个原则。插图中有几个比较简单而又流行的运动款外套的使用例子。

运动款式的外套基本上都是单排扣的,两粒或者三粒钮扣,但是也可以是双排扣的,尽管双排扣——更加正式并且强制系扣封闭因此并不适合将衣服搭配得这么无拘无束。

穿什么是不匹配的?

应该常备着棕色皮鞋、(系带子的)短靴、高帮皮鞋或者磨砂皮鞋。但是黑色的不在准备的目录之中。

不匹配的西服套装效果

应该避免出现不匹配的西装效果,因为那将是灾难性的! 因此,跟外套上衣搭配的裤子,颜色千万不要太接近,否则看起来真的不是很好看。搭配的目的是为了体现上半身和下半身高低之间截然不同的强烈的对照差异。因此,单件的灰色外套上衣能够很好地和绿色或者铁锈红色的奇诺裤相搭配,而要避免和一条灰色的裤子穿在一起。至于灰色的牛仔裤,倒是可以搭配在一起的。

单件上衣的特殊情况

在法国,"单件上衣(blazer)"这个词经常被用来指那些无论款式只要是单件出售的上衣,和美国人的"运动外套"意思差不多。但是它的历史和命名都是特别具体明确,毫不含糊的。

单件上衣源自一种被英国人称之为"划船外套"或者"帆船赛夹克"的衣服,这种运动上衣专用于运动俱乐部,特别是赛艇。这些在英国人中很常见的外套,其色彩都是很丰富的,镶边和刺绣显示出他们所在俱乐部的标志,如同领带的颜色一样代表的不同团体。1825年,在剑桥,"单件上衣"这个词与这种类型的外套联系在一起,因为所有"玛格丽特女士游艇俱乐部"的成员都穿上了一件红色的单件外套上衣(颜色是画上去的,仅仅衣服的表面上是红色的)。双排扣的单件上衣版本源自军队,并可以追溯到皇家海军舰艇护卫的外套上衣。

今天,"单件上衣"这个词具体是指用比较结实的深蓝色羊毛面料做成的单排扣或者双排扣的外套,一般搭配镀金的或者镀银的扣子,唤起人们对过去制服功能的回忆。如果运动款式的外套需要专门搭配棕色皮鞋的话,那么单件上衣,由于有军队的起源背景,搭配界限也比较模糊。与之搭配的可以是灰色的裤子和黑色或者棕色的皮鞋,它在工作场合比较合适,可以代替西服套装。如果它和牛仔裤或者奇诺裤搭配,也是非常适合更多的休闲场合的。

一些有用的地址

Boglioli
意大利商店生产漂亮的西服上装
和外套
Chez Avedis
354，rue Saint-Honoré - 75001 Paris
www. avedis. fr

Brioni
意式风格的顶级奢侈品店
26，rue Marbeuf - 75008 Paris
www. brioni. com

Cifonelli
巴黎的一家顶级裁缝店裁剪非同
凡响
31，rue Marbeuf - 75008 Paris
www. cifonelli. com

Façonnable
蓝色海岸的休闲服饰
175，bd. Saint Germain—75006 Paris
www. faconnable. com

Hackett
漂亮的英式外套,特别是冬天的
粗花呢外套
78，boulevard des Capucines
75002 Paris
在法国的其他店址请询问网站：
www. hackett. com

Henry Cotton's
很别致的英国店,被意大利人
推崇
Au bon marché，24，rue de Sèvres -
75007 Paris
www. henrycottons. it

Dockers
奇诺裤
www. dockers. com/fr

J. Keydge
法国旗舰店,休闲西装
Chez Michel Axel
101，rue de Seine - 75006 Paris
在法国的其他店址请询问网站：
www. jkeydge. comwww. pt01. it

Melinda Gloss
在经典风格中混合了时尚精神
chez cette jeune marque française.
42，rue Saintonge - 75003 Paris
在法国的其他店址请询问网站：
www. melindagloss. com

Zegna
意大利风格的,经典的与现代的
品味
50，rue du Faubourg-Saint-Honoré
75008 Paris
www. zegna. com

西服套装

　　现在，安托万进入企业，在这里人们的流行服饰就是西服套装。对于安托万来说，是时候买两三套简单合适的西装了，这样既能帮助他彻底融入到同事们中间，又能够表达出自己的风格。

　　但是一个真正的挑战来了，就像他在商店里看到的那些西服套装，虽然展示出了不同的款式和兼容并蓄的风格，但是出于衣服应该既简单又舒适的考虑，在商店里他似乎面对同一套西装呆了八九个小时。

关于西服套装的简单介绍

当代的西服套装是由两个元素构成的——几乎快要消失了的马夹和之前我们已经研究过其特性的上衣和裤子。于是,为了让它们协调搭配,就产生了新的规则,新的风格和新的用途。

西服套装是一个巨大的试验场,特别是对于那些要体现个性的人来说。比起其他的衣服,西装可以使优雅男士的生活得以简化。西装作为基础服装来说是简单的,但是可以添加——衬衫、领带、钱包、皮鞋等等——这些可以让人表达自我。

西服的历史是一个缓慢演变的过程,这一过程主要是在英国发生的。是那个发表了《美》的著名英国人乔治·布鲁梅尔,开创了现代西服的前身。他的亲密朋友英格兰摄政王、也是后来的国王乔治四世,放弃了沉重繁复的宫廷礼服而选择了精炼的版本。因此,人们拿掉了用来做加强效果的天鹅绒装饰和其他金的或丝质的装饰物,只用深蓝色的羊毛面料做了男士的礼服。同样他也放弃了长度到膝盖的短裤和仅仅是只穿垂到鞋面的裤子时才穿的丝袜。这场革命被叫做"马童的时尚",它是底层社会阶层的同义词,也奠定了一场缓慢变革的基础,而这场变革遗留下来的西装正是我们今天看到的样子。

在维多利亚时代,也就是 1850 年到 1900 年,去掉华服的穿衣风格让人感到忧郁。传统的灰色或者黑色面料为保守的工业资产阶级所青睐。

在城市里,穿着一种被我们叫做"男士礼服"和"燕尾服"(双排扣常礼服、晨礼服)的衣服是很时髦的事情,这两种形式的长款外套,与长裤和马夹一起搭配,上下装通常用不同布料做成。这种英式的时尚在拿破仑三世统治时期横扫法国。此时,国家工业化完成了前所未有的经济的自由转变。这是林荫大道的时代,是奥斯曼和佩雷尔银行家的时代,是像"老英格兰"这样的大商店诞生的时代。

然而,关于上下装使用同一种布料搭配服饰的想法并不是理所当然就有的。它的第一次出现也是在英国——作为乡村服饰——没有那么规范,英国人都喜欢狩猎,他们的贵族有时候住在城市,有时候住在乡村。他们不断地在城市和乡村之间往返——被王尔德在《认真的重要性》笑称,同种面料的套装产生了新用途,借鉴了乡村的质朴。

最后,就是在二十世纪初期,在英国国王爱德华七世和乔治五世的时代,西装短外套完全由同一种布料制作而成。在二十世纪二十年代,英国工党首相拉姆齐·麦克唐纳是这个进步想法的推动者,他接受了大众的观点。首先,在乡村(粗花呢服装居多)和在那些比较热的地区(穿白色的)推行,最后西装成为城市的主宰,也成为城市白领银行家和其他外汇交易所的人的标志性的服饰。

第二次世界大战是三件套短西装被大规模采用的一个催化剂。黑色布料的消失也让稍微浅一些颜色的羊毛布料得益,灰黑色、灰色、蓝色和一些有图案的布料比如条纹采用的比较多了。

上个世纪四五十和六十年代,是西服套装的黄金时代,那些年贵族、资产阶级甚至是不知名的小人物除了星期天之外每天都穿着西装。穿西装已经成了那时候的普遍习惯。大多数时候,马夹是西服套装的一部分,就像是我们出门一定要带帽子一样。一部叫做《广告狂人》的电视剧,由美国 AMC 有线电视台推出,很好地展示出了那个时代的精神状态。

到了二十世纪七十年代,西装经历了很多变化,包括因为有了中央取暖设施而使有的人不再穿马夹。

外套的款式受到材料的制约,而裤子的裤管扩大变粗转向喇叭裤。这个时期在社会领域充满动荡,青春充满怀旧,西装也受到影响。而此时,针织衫和衬衫得到解放。

但是,尽管不是每天都要穿西装,西装还是必须的,对于在办公室上班的人尤为如此。在二十世纪八十年代,西装的经典款式出人意料地被重新演绎(双排扣的款式、银行家常穿的条纹面料、双色皮鞋等等),但是在款式和肥瘦上都不成比例(宽阔的肩膀、夸张的长度)。

| 布鲁梅尔款 | 十九世纪
七十年代款 | 十九世纪
八十年代款 | 二十世纪
三十年代款 |

这种变化不顾与经典款的关系，成了西装的新属性。

西装仍然而且一直是时尚的前沿，而且在二十一世纪初因为迪奥男装艾迪·斯理曼的铅笔裤使其有了新的超越：更短的外套上衣和更瘦更窄的裤子，它们在橱窗里随处可见。这些超紧身的款式总是被大多数鉴赏家和传统主义者拒绝，但毫无疑问，这种方法也顺应了西装的回归，带来了强势复出。更典型的是，西装——就如同单穿的上衣和单穿的裤子一样——如今是比较贴近人体线条的。我们谈论的自然的风度和魅力，是通过精细的面料体现的。为了塑造当代的线条，轻便和简约引导设计师们进行创作。但是，设计师的风格，在跟随时尚的同时又或多或少地表现自我，这让有些东西就成为了永恒。昨天和今天穿西装的先生们虽然穿的都是西装，但却没有共同之处。

二十世纪
四十年代的西装　　六十年代的西装　　七十年代的西装　　九十年代的西装

生产的秘密

西服套装最常见的是用羊毛面料制作而成的。根据它的织造原理，这种材料很保暖，而到了夏天又比较凉快。它拥有如缎般的光滑，这是棉质面料所没有的，但羊毛面料也易皱，这也是与棉质材料的区别之一。

羊毛可以用两种不同的方式被加工：要么粗纺；要么精梳。这两种不同的方式最后呈现出不同的视觉效果。

——粗纺，有的时候又被叫做"未加工的羊毛"，基本不提纯精炼，由于它仍然包含了绵羊的羊毛粗脂，呈现出原始未加工的样子，所以常粘结。用粗纺羊毛，可以制成粗花呢或者法兰绒。

——精梳羊毛是经过加工的。就是这种羊毛才有超过 100 支的等级。因为纤维被提纯精炼和校准，于是就跟粗纺羊毛的情况不一样了。安托万在不了解这些情况下肯定会选择精梳羊毛西装，除非在裁缝店预订一套在市场上难得找到的保暖的法兰绒西装。

羊毛布料可以一件一件地被染色，这样可以使染色均一。或者按照线纱染色，我们说的深浅双色细条呢或布，就可以一针一针呈现出颜色的细小差别。

各种不同的款式

关于图案，安托万有三种可选：纯色、条纹和方格，每一种选择，都将依据他的喜好而定。

纯色西装

它应该是初学者衣柜的主要填充部分。在复杂的设计问题上让自己纠结是徒劳的，因此中度灰和海军蓝是两个最理想的颜色。穿这两种颜色，您不大会在品位上出错，也不大会搭配失误。黑皮鞋或者合适的棕色皮鞋，以及很多不同的衬衫都需常备。穿纯色的西装，就像前面提到的，可以搭配纯色的衬衫，也可以搭配条纹或者方格的衬衫。同样，对于领带，您还记得吧，我们很少选择三个图案，两个才比较平衡。下边的插图给出了这个主题的多种组合。

绶带饰

线可以以两种方式交织在一起：织布或者织机（也被叫做斜纹）。织布是最基本也是最透气的布料，织机纺织出来的布料比较紧，也比较结实。

几种纯色和仿纯色

纯色西装

那么，怎么搭配？

除了灰色的和深蓝色的西装之外，安托万还可以买一套深灰色的西装。他同样可以选择一套"仿纯色的"，比如有细人字纹或者类似鱼子酱的小圆点的面料。而对于同样是灰色的布料，也可以找到不同深浅的灰色。

条纹西装

条纹西装是商务西装的精髓。它深受英国人偏爱，却没有登上法国人最喜爱的物品名单。但是穿上它，可以提升优雅度。它会令人印象深刻！安托万也许会买一套这样的西装，但他应该谨慎搭配。穿着条纹西装，不应该搭配格子衬衫，因为，再说一次！这两种图案互相不搭。作为回报，条纹的衬衫如果它的线条能被清楚地辨认出来，那它也适合单穿。就如下图中所示，注意不要看起来让眼睛不舒服。另外，穿条纹衬衫，千万不要系一条俱乐部领带，除非希望自己与众不同，否则三种条纹组合在一起还是有些过了,更不用说搭配格子的领带了。那么,就剩下纯色的领带了,或者带一些小圆点或其他的小图案的也都行。

条纹西装

那些不同的条纹都叫什么?

条纹有两大类:网球条纹(细条纹),英文叫做"pin stripes"和粉笔条纹(中等粗细的条纹)"chalk stripes"。第一种条纹很细但是清晰可见,而第二种更宽但却经常是模糊不清的,特别是在法兰绒上。做出怎样的选择完全取决于您的个人喜好,在这儿没有什么特别的规律来让您参考。只是请注意大多数条纹是白色的,底色也多为深蓝色和灰色。有时候条纹是浅蓝色的或者是其他更丰富的颜色,但是应该注意的是,这很难与衬衫和领带的颜色协调一致!

最后,如果条纹比底色更深,就容易联想到黑社会,因此选择和穿着的时候要谨慎小心。黑社会成员的常用方式就是把图案反过来用,特别是把图案和颜色反过来。因此,艾尔·卡彭[1]和黑手党总是穿黑色条纹的灰色西装、黑色衬衫,系白色领带,就像黑白负片一样,或许这就是社会的缩影。

那么,怎么搭配?

安托万可以为冬天先准备出一套双排扣西装,厚法兰绒的就不错。深蓝色的布料带白色暗纹是个经典的选择。搭配一件蓝白条纹的衬衫,衬衫的领子是白色的,给人营造出城市银行家的形象,特别符合拉尔夫·劳伦在广告中营造的品味。

---

[1] 译者注,al capone 艾尔·卡彭,黑帮教父——芝加哥王,1925—1931年掌权,卡彭时代的黑手党徒风衣下藏着冲锋枪,火拼时用手榴弹开路,强硬残忍的作风令其他黑帮胆寒。卡彭亲手干掉的不下百人,侥幸躲过的伏击至少百次。

格子西装

首先要注意的是,方格,也被叫做"方格窗",它不是完完全全的正方形,而是有些偏长方形的。最常见的方格面料多用于运动款的衣服,因此我们说有较偏于休闲的乡村风格。与条纹不同的是,方格不是一个适合都市商务款的图案,尽管时代变迁已经模糊了最初的界限。就像我们在前边有关外套的章节里介绍的一样,格子与粗花呢相得益彰。在地衣色底色的粗花呢布料里,交错着许多不同色调(铁锈红、黄色、绿色等等)的线,这很常见,看起来很优雅。这种格子图案的粗花呢用来做西装,搭配一条经典款的裤子或者高尔夫球裤,看起来特别适合去乡下打猎。

● 城市里的方格款

那些钟爱格子图案的人在表达自我的时候也穿格子,这使得格子在城市里存在也成为可能。让我们举一个过去的例子,在英国剑桥或者牛津的大学城里,就像伊夫林·沃[1]在《故园风雨后》所描述的那样,在城市里穿粗花呢曾经是那个时代的时尚,或者是和伦敦的风格不太一样的事情。实际上,没有哪个学生骄傲自大到要去挑战都市金融家的穿衣风格。

粗花呢曾经是成色很好的东西,并且被人们习惯穿着。年复一年,细格的和中等粗细格子的图案逐渐发展起来并且在城市成为永恒。可以说,深灰色的法兰绒方格,配有白色的中等粗细的方格纹路在大学教授间很流行。

那么,怎样搭配?

安托万有一整套粗花呢——西装的别名——这不是错误的投资,因为它总能穿出不同:裤子搭配一条格子的针织衫,或者上衣加一条灯芯绒的裤子都是可以的。

格子西装

---

[1] 译者注,Evelyn Waugh(1903.10.28—1966.4.10),英国作家,全名阿瑟·伊夫林·圣约翰·沃,生于英国汉普斯特德。

马夹

如今,中央供暖带来了舒适的温度。马夹正逐渐地消失,现在它的存在仅仅是上一个时代留下来的残存。如果它和西装用同样的面料制作,那么我们讲的三件套西装,或者一整套西装,已经是过去的术语了。

最经典的马夹是单排扣的,有六粒扣子,没有驳头。马夹的下半部分,前襟以两个尖角结束,左右两侧各有一个与西装的胸部口袋一样的口袋。老式的马夹有四个口袋,单排扣的马夹有点儿运动风格,比如粗花呢的马夹,背部可以用其他的布(不是里衬,这是经典的处理),外加一个小的驳头。

任何情况下,单排扣马夹的最后一粒钮扣永远不会系的。这,仍然是一个沿袭已久的古老穿法。

还有另外两种款式的马夹,有一点儿过时,但偶尔也流行一下。第一种是燕尾马夹,白色棉质的马夹,领口剪裁的效果明显,扣子是三粒小珍珠质钮扣。

第二种双排扣大驳头的马夹。这是很好看的款式,但却很难驾驭。钮扣之间的排列空间不应该太大。

当遇到有驳头的马夹,有一条简单的规则:马夹的驳头应该和西装上衣的驳头一样,除了披肩领之外。(请参见有关外套的章节)

不同类型的马夹

正确的测量方式

　　既然我们要选一套西装，就应当注意上衣和裤子的尺寸，而这个尺寸受时尚的影响很大。因此，几十年来，上衣已经比二十世纪初的时候要长出很多了，在二十世纪二十年代的时候，上衣还是很短的。到了四十年代，加长了些。到了七十年代，才有了一个典型的风格。裤子的情况也是相同的，它逐渐变长，但它的舒适性却在一代一代之间来回波动。

上衣的长度

　　在裁缝店，有很多种定义上衣长度的规则。

　　第一规则是大体平衡原则，就是除了头的高度之外，裤子和上衣的长度看上去几乎是相等的。

　　第二规则，更为明确一点儿，目的是让外套的长度到拇指的一半处，手臂可以晃来晃去。显然，每个人的手臂与身体的长度并不一定成正比，因此要再确定这个办法能让外套盖住臀部并不超过裆部。

　　最后一个规则，几乎万无一失，测量的时候需要穿着皮鞋。测量从颈部（从衬衫领子的下方）开始直到地面，然后将得到的数字除以2，再减去 2 厘米，这样得到的结果就是衣长。

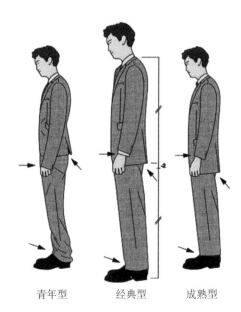

青年型　　　　经典型　　　　成熟型

三十年前,裁缝们就是通过除以 2 的方法计算衣长,得到的上衣比较长。现在的年轻人喜欢比较短的上衣,因此,这种方法得到的结果可以再减去 4 到 6 厘米。

对于身材矮小的人来说,除了选择两粒扣的西装之外,还要缩短上衣的长度。这完全是与个子高的人相反的,因为身材高大的人穿一件较短的西服上衣,我们会以为他穿了他弟弟的衣服。

最后,西装上衣的袖子不应该过长,目的是要露出 0.5 到 1.5 厘米的衬衫袖口。这样才比较好看。这就同样意味着衬衫的袖子也很短,到手的上端就可以了,如果需要修改请到裁缝店进行调整,任何情况下都不应该把手全遮住!

裤子的长度

至于裤子,请千万不要让裤子过紧。西装主要是用在工作场合的,应该穿起来舒适,何况我们通常是坐着的。一条太瘦太紧的裤子会令人不舒服而且会磨损得很快,特别是裤裆的位置。

裤子应该调整好肥瘦,不要过短,也不要太长!一旦裤子过长卡住鞋也是件可怕的事情,鞋面上有一两道折痕就足够了。英国人裁剪的裤子偏短,一般都是在鞋面以上,而大陆地区的人喜欢裤子贴到脚后跟。

不同的风格

英式风格,古典派

我们现在知道,正是那些英国人设定地了西装的基础。英国的裁缝们,最重要的萨维尔街(著名的裁缝一条街)的裁缝们,几乎可以说是他们设定了古典西装的名称和用途。

一套英式西装是很贴身的,这种风格穿越了几个时代,英式西装都要特别处理一下肩部,尽管垫肩不太厚。西服的线条轮廓取决于衣服的面料,同样也受到舒适性和美观的影响并试图在它们之间找到平衡。英式西装的调整被称为"捏褶",因为由面料做成的褶皱保留了英式风格,胯部比较宽松可以使裤子门襟不会被撑开。

英式风格

　　英式都市商务西装的颜色都是比较灰暗的，而且要特别搭配黑色的皮鞋（一种系带子的短靴）。如果在都市里穿棕色的皮鞋去上班，将绝对是很难看的，即使西装的颜色是深蓝色的也不行。在法国，这种风格是很经典的，一件两粒或者三粒钮扣的外套，水平口袋和一条没有翻边的裤子，已经成为参考书。就是这种穿戴成为具有国际化的西装搭配。如果下装是经典款而且是灰暗色调的，那么安托万将毫无困难地通过选择一件漂亮的衬衫、一条别致的领带或者是胸部口袋的小手绢来展示个性。

美式风格，舒适派

　　美式风格是在二战前夕发展起来的，迎合了美国削减开支的名义。实际上这是一个英国裁缝工作的延伸，斯科尔特，发明了悬垂裁剪。通过立体的模特，上衣总是按照尺寸捏褶，但是，肩部的尺寸仍然有些夸张，与胸部同宽，自然悬垂再打褶。这种方式做出来的衣服可以让男人看起来更"超人"，给人身材魁梧的印象。好莱坞的演员们比如加里·格兰特穿的就是这种西装。风度与舒适融合在这种款式中。这种审美风格在上个世纪八十年代又回来了。

　　在法国，很多上了年纪的先生们喜欢这种令人舒适的风格，搭配一件"不撑门面的"外套上衣，但是好在它也不束缚人。

美式风格

意式风格，休闲派

　　西装的意大利派别是最近才发展起来的。这种现象的出现是随着意大利成为优质西装的世界工厂而开始出现的。意式风格和意大利鞋匠们已有的声望，使人们将目光转向这里。最开始，那些大品牌的来料加工者是在英国的学校学习，但是他们比英国人更加注重英式风格，特别是在上个世纪七八十年代，英国转向研究"时尚达人"，而意大利仍然坚守经典。他们对经典规则一丝不苟地严格遵守，其程度是十分夸张的，几乎到了可以成为典范的程度。一个很好的例子就是意式外套的驳头翻边，几乎可以成为一个百科全书式的示范！

那么,怎样搭配?

翻领(驳头)又高又宽,上衣较短而且背部的后开衩较高,烟管裤而且翻边较高……安托万被在橱窗里的这种意式西装所吸引。混合的色彩也很显眼,特别是那些在棕色底色上的灰色。搭配丝质的胸袋手帕,瞬间让人很精神。但是这种选择总是受到个人品味的引导。

意式风格

国家的气候也同样促进了衣服的混合。在一个阳光不是特别充足的地区,英国模式最终慢慢地发生了变化。如果说伦敦的裁缝们在舒适和风度之间寻找平衡,那么米兰、罗马或者那不勒斯的裁缝们则试图在不同的创意中找到舒适和时尚之间的平衡点。

就舒适的层面而言,外套的结构设计更趋于舒适。很明显现在外套衣服的肩部设计就像衬衫的袖子与肩部那样结合,也就是说很少有填充物和垫肩。如果说意式外套与英式外套相比是收腰的,那可能是因为意式外套比英式的更短,更开放,而且髋部更收紧。

意大利风格的魅力在于更为随意。英式的所有细节都更为实用,但是双排扣的、演变的款式以一种夸张的方式独自存在。

在意大利,棕色皮鞋是十分普及的,它可以与城市的商务西装、灰色或者深蓝色的套装搭配。而一般来说,棕色皮鞋只是搭配乡村休闲一些的裤子。

乡村休闲西装

两件套或者是三件套的西服套装也可以有乡村风的版本，也就是说用粗花呢做的套装。

传统上来讲，粗花呢三件套包涵一件三粒扣（或四粒扣）的后背开衩的上衣。领子的插口不会被放置得过高，这样在有风的天气就可以像军官领一样翻起来。领口处的小挂钩可以使外套的领子紧围着脖子，这样也可以使扣眼的背面有了新的用途。裤子这部分是比较紧的，在英国通常是没有衬里的。钮扣是犀牛角而不是皮质的，这是美国裁缝为了体现差异而特有的设计。一般情况下，用于打猎的套装都是方格图案的（为了不和周围的植被混淆），但是对于纯色的西装，既可以穿一整套，也可以只穿上衣或单穿裤子。

穿粗花呢，衬衫的搭配选择是比较困难的。英国人经常穿一种叫做"塔特索尔"的衬衫，也就是由多种颜色的线相互交错，在通常为象牙白的底色上形成网状的一种衬衫图案。如果不搭配"塔特索尔"的衬衫，那么白衬衫仍然是经典之选。总之要避

粗花呢西服套装

粗花呢是什么？

如果我们相信传说，"粗花呢"这个词来自苏格兰语"tweel"，意思是"编织"和"布匹"，因为有浓重的苏格兰口音，最早的那批商人说的时候经常同一条河流的名字混淆。这种材料仍然是手工制作，而且也是从粗纺羊毛获得的，它仍然含有羊毛粗脂，也就是说，天然的油脂赋予了羊毛优良的隔热和防水的性能。这种仅仅简单加工了的材料还需要时间来清理，用溪流的水和大地上的植物材料漂洗出自然的色调（绿色、棕色、橘色，等等），并做亚光处理。

手工编织或者产业化编织，都可以控制哈里斯斜纹的地理来源，它们来自苏格兰北部的赫布里底群岛。但是还存在着种类繁多的花呢，这其中包括了非常有名的爱尔兰多尼盖尔粗花呢，以其带有色点的斑驳的灰色效果而闻名。同样地，我们还能注意到萨克森粗花呢的存在，它的羊毛来自于萨克森州的羊。

那么, 怎样搭配?

如果安托万想要一套西装, 我们建议他选择单色面料的, 绿和赭石色斑驳的灰色小斜纹就是不错的选择。这样比较容易拆开穿, 而且可以和很多色泽不同的马夹相搭配。粗花呢比较具有打猎的风格, 因此经常是方格图案的。但是, 这种图案的裤子单穿就比较麻烦。

免穿条纹的衬衫, 太具有都市感。对于领带的选择, 如果需要的话, 最好选择一条暗色调的俱乐部款, 英国人会认为小图案 (花卉或者动物) 是最佳选择, 而意大利人则认为羊毛领带才最合适。这的确根据个人喜好吧。

英国人一直认为, 这是唯一可以跟棕色皮鞋相搭配的西装, 如果搭配黑色的皮鞋将显得很奇怪。穿黑色的皮鞋只能搭配正装西装。而对于休闲西装, 一双漂亮的磨砂皮鞋或者矮靴将是最合适的搭配。

夏季的西服套装

● 面料

夏季不太好穿衣服, 不是吗? 特别是穿西服套装。

幸运的是, 英国人——他们去了印度——很早地就面临了这个问题。因此, 就产生了令人感到凉爽的羊毛。这些面料会依据织造工艺或者线的组织结构、特别是独特的机械技术来命名。最理想的是帆布, 也就是一种可以通风的网格。有一些就是用粗线编织的, 特别适合夏季穿着, 对那些没有里衬的上衣来说, 很适合。另外, 可以混合一点马海毛, 一点羊毛, 这些都是很轻柔的材质, 并且不容易起皱。

亚麻是很舒适的, 但是它容易产生褶皱, 除非它够厚。

棉布不错, 但是透气性不足。而细羊毛的面料也存在这个问题。

● 颜色

在颜色方面, 四十年前, 在夏天, 绝对可以在都市里穿白色或者浅灰色的西装, 戴一顶船工帽[①]但这种穿法已经过时了。现在, 在夏天能看到很多绅士穿米色、灰黄色或者焦糖色的西装。

夏天的西装适合用各种各样的蓝色面料: 比如石油蓝、空军蓝等。这些都比海军蓝明亮, 而且能够展示布匹外观可变的一面, 就像索拉罗一样。

① 译者注, 扁平的狭边草帽。

夏天的西装

男礼服, 燕尾服和男士无尾常礼服

这些严格来说都不是西装, 但是因为它们和西装一样, 在穿着的时候没有太多变换的可能性, 因而也被归入到这个类别里。这些都是比较少穿着的正式的服装, 只用在一些庆祝活动上, 比如婚礼。

男礼服

这是一个合身的款式, 也就是说它有围绕着腰部的接缝, 把外套一分为二, 上半部分在上, 下摆在下。男礼服是婚礼的首选服装, 这是一件单粒扣的长外套, 下摆处的左右衣襟在大腿处的位置张开。经典的仪式男礼服是黑色的, 而灰色的礼服适合去购物, 比如阿斯科特。可以说, 选择了这种穿着的绝大多数已婚的人士都选择中度灰的颜色。配礼服的裤子几乎都是用灰色或者灰黑色的条纹布做成的。马夹的款式单排扣或者双排扣的都可以,颜色要和礼服的颜色相同,但一般都是用珍珠灰色的布料。依照现代的英国传统,男礼服也可以由菘蓝色的亚麻来呈现,搭配的是黑色的皮鞋! 和燕尾服一样,这是过去的几个世纪流传下来的仍然在使用的服饰之一。

燕尾服

燕尾服的长度和男礼服差不多,但是它仅仅在使馆和皇家场合使用。它是一件黑色的套装,包括一条裤子和一件西装款的上衣。上衣的驳口是丝质的。上衣不必系扣,垂尾在衣服的背部。燕尾服必须搭配蝴蝶结领结,而且要采用白色棉质的,就像与之搭配的马夹一样,马夹的长度不能超过燕尾服上衣的长度。在礼宾司的记录上,这种穿着被命名为"白色领带"。与之搭配的是白衬衫和黑色抛光皮鞋。

无尾常礼服

无尾常礼服是在 1860 年前后英国的威尔士王子(后来的爱德华七世)为了在较为亲密的晚宴场合替换燕尾服而发展起来的。它是天鹅绒西装上衣和燕尾服的结合。无尾常礼服保留了后者的颜色(黑色)和丝质的驳口。但是在此,领结必须是黑色的。裤子的侧面有一条和裤子等长的黑色丝质的侧缝。上衣的驳口也是黑色的。

通常情况下,上衣是没有开衩的,但是随着无尾常礼服的使用而被不断改良。迄今为止无尾常礼服有三种不同的存在形式:

——双排扣尖领,这是英国人认为最好的形式;

——单排单粒扣尖领,这是比较普遍的形式;

——单排扣披肩领,这是很受美国人和法国人青睐的形式。

无尾常礼服在和黑色的马夹搭配之前,一直是可以单穿的,但是搭配马夹这种穿法已经消失了,只有腹带,一条很宽的丝质褶皱腰封,至今仍然使用。

燕尾服

男礼服

无尾常礼服

建议及保养

西装的选择

西装的选购规则和选购单件西装上衣或者单件裤子的规则是一样的。

对于西装上衣，请按照您的胸围尺寸来选择，不要挑选那些过于紧身的或者过于肥大的号码，这样即使苛求衣服的长度和曲线，那么修改起来也是最小范围的。

最棘手的是裤子的选择。实际上，大多数的品牌都有整套的西装出售。因此，通过一个叫做"Drop"的系统，裤子的尺寸是被与之搭配的上衣固定了的。"Drop"也就是上衣和裤子两者之间的尺寸比例。这种比例是每个品牌和他的设计师独立做出的选择。比如说，一个想向青年人出售的品牌将选择"drop 8"，运动风格。因此，对于一件 50 码的西装上衣（其胸围是 100），它的配套裤子在腰围处对折将是 42 厘米。但是，如果是一家出售经典款的品牌，将会选择"drop 6"，也就是说对于一件 50 码的西装上衣，其裤子的腰围对折后将是 44 厘米，相对肥大一些。这些差异受很多方面的影响。

西装的维护和保养

关于这一点，要特别小心把衣服弄脏！实际上，护理的难点是和外套上衣的生产模式有关，裤子就没有那么难于制作。热密封或者半包的里衬，经过熨烫——事实上，特别是干洗之后的蒸汽熨烫——以树脂粘合做结的地方会有小气泡出现。一套包了里衬的西装能够穿着更久一些。但是是否包里衬，也取决于做衣服时的预算多少。

我们至少应该有三套西装，五套更好。这样，您每周换一套西装，一年差不多更换 47 次。这三五套西装虽然不多，但也足够了。裤子可以每个季度送到洗衣店处理，上衣一年只需要做一次或者两次清洗就可以了。如果您每天晚上用衣架很精心地撑起您的西装、清空您的衣袋、偶尔用小刷子打理一下衣服，那么您的西装会在不知不觉中延长寿命。

那么，怎样搭配？

从经济的角度出发——毕竟服装总是要花一定的预算的——安托万应该至少有三套适合所有季节穿的西装，外加一套特别适合夏天或者冬天穿的西装：一套深灰色单排扣的西装；一套单排扣中度灰色的西装；一套单排扣深蓝色的西装。此外，如果他愿意，还应该有一套为冬天准备的双排扣厚法兰绒的西装和一套为夏天准备的比较透气的石油蓝色的薄羊毛西装。

一些有用的地址

Boggi Milano

在同等价位上，能够提供最好的
成衣

地址：112, boulevard Saint-Germain
75006 Paris

在法国的其他店址请访问

www. boggi. it

Camps De Luca

一家大的巴黎裁缝店，其风格无
可挑剔

地址：11, place de la Madeleine –
75008 Paris

www. campsdeluca. com

Canali

一家性价比很高的意大利店

地址：36, rue Marbeuf – 75008 Paris

在法国的其他店址请访问.

www. canali. it

Kiton

意式风格的奢侈品，您必须拥有

地址：36, rue Marbeuf – 75008 Paris

www. kiton. it

Louis Purple

一家做半成品的连锁店

地址：6, boulevard Malesherbes
75008 Paris

www. louispurple. com/fr

Ralph Lauren Purple Label

很稳妥的风格，意式风格

地址：173, boulevard Saint-Germain
75006 Paris

在法国的其他店址请访问

www. ralphlauren. fr

Scavini

意式风格，即使是您有一个很小
的尺寸要求都会得到他们热情的
接待

地址：50, boulevard de la tour-Maubourg
75007 Paris

www. scavini. fr

The Suit Supply

无可挑剔的风格，质量上乘

http://eu. suitsupply. com

Tom Ford

充满无尽创意，品位上集古典主
义和朴素于一身

地址：378, rue Saint-Honoré – 75008 Paris

www. tomford. com

领　带

现在安托万有了他的衬衫和西装,他觉得自己已经为新工作做好了准备。但是,系领带是必须的。他有几条从大商店里买来的款式简单的领带,这可以让安托万在自己的风格上走的更远。

关于领带的简单介绍

毫无疑问，领带是男士衣橱里最变化莫测的单品之一。它可以提升我们的品位和情绪，每天更换不同的领带也可以带给我们每天不同的体验。

如果领带有实际的作用的话，也是因为它可以给颈部保暖。如今它是纯粹为了装饰而装饰，是无用的快乐。

领带极具个性化，特别是和制服一般的西装搭配在一起。领带的不同，可以使您和您的同事区别开来。在企业的环境里，您也可以自由发挥您的喜好和品味，但是请注意，这种发挥是要在一定的规则之内的。

如今，我们对看到的不同色调、图案各异以及材质不同的领带习以为常。但是这样的局面并不是由来已久的。

"领带"是个外来词，依据百科全书的记载，领带是路易十四招募来的克罗地亚雇佣兵们的一个发明。但是，除了词源学以及雕塑和绘画的呈现之外，我们可以注意到古往今来，衣领或者打褶颈圈通常是被一条布带束紧的，看上去就像是（十六、十七世纪男女戴的）皱领。这条用来封闭领口的布带作为衣服的一部分，可以使颈部保暖。或者也可以作为一种装饰和一种华丽的礼仪物件。

一直到十八世纪中叶，系白色细麻领带是很普遍的，这种方式被叫做"浸礼会式"。与其说这是一条领带，还不如说是蝴蝶结领结的始祖：大花结（这是真正的名字，而不是如今各种联姻后被篡改的名字）。领带或多或少呈现出锯齿状，在绕脖子几圈之后垂下来。这就是直到路易十六的时代，人们在凡尔赛宫廷通常戴的款式，在这款式之下还有不同的版本。

　　因此,白色对于领带而言,是有优先权的颜色,(领带不负责呈现颜色),是衣服负责表现颜色。如果以此替换我们今天的穿衣原则:您的丝质西装是有颜色的,而领带是白色的。⋯⋯这将是一套大胆的搭配,不是吗?

燕尾服　　　　　　　马术服

　　德国人发明了黑色的领带,更确切地说,是德国的浪漫派在十八世纪发明了黑色的领带。那些低收入的知识分子,他们没有那么多钱来打理白色亚麻的领带。只有那些贵族才能负担得起白色领带日常频繁的维护和清理。于是,那些年轻的艺术家们不得不求助于黑色羊毛面料,以此达到实用的目的。在法国,浪漫派比如巴尔扎克也同样曾经使用过紫色的领带。

德国的例子　　　　　意大利的例子

　　在意大利,同一时期(1790—1830),为了国家统一的民主革命运动蓬勃发展。那些秘密重组的被叫做烧炭党的意大利人,都佩戴着产自印度的羊绒做成的印有花纹的领结作为彼此认识的标志。我们由此看到了彩色领带的发端。

　　现代领带,就是我们现如今看到的这种款式是从二十世纪二十年代开始的。它曾被称作"领带",或者"水手式领带"。它取代了打大花结的领结和它衍生出来的蝴蝶领结。早期的款式经常被做成现成的，用扣子可以固定在衣服的领口。

生产的秘密

做一条经典的领带是相当简单的。首先，将三块布斜向裁剪——为了让领带具有一定的弹性，布料都是斜向裁剪的，这也是为了让领带的花纹看上去都是对角线的方向。然后将这三片布料缝合在一起，领带就由这三层布填充起来。这三层是由一层或多层的羊毛或者棉布或者它们的混合物组成的，这就是所谓的"领带的扎三层"，尽管这个术语从未使用过。为了在折叠褶皱的后面缝合领带，褶皱上会走一条实线。

有一种领带的三层重叠不是一直叠到底的，我们在这儿讲讲"跟丝巾搭配的领带"，最典型的就是拉尔夫·劳伦的款式，特别灵活轻巧。

有一些款式既不是双层的也不是三层的。其与众不同之处在于为了使领带整体上看起来整洁美观，要把丝绸的边缘卷起来。这是一个很讲究的过程，这些需要手工完成的部分让领带变得特别昂贵，有时候被叫做"作坊领带"。

另一种价格昂贵的领带，是七折的。是附庸风雅？是追求时尚的效果还是为了现实的利益？这个得由您来回答。这种领带好像是一种最近的发明，而绝对不是过去留下来的款式。它是意大利一些作坊比如马里内拉的特产。为了迅速解释清楚这种款式和经典款的区别，我们可以看到它的起始丝的部分是比较大的，所以才能为了做出最终的形状而折七折。下面的图例可以让大家更好地理解它的结构：

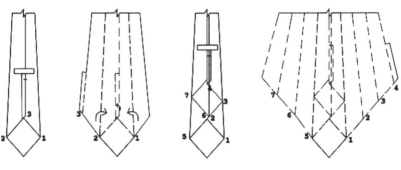

三折领带　　　　　　　　　　　　　　七折领带

标准领带

宽领带

窄领带

美式领带

　　七折领带出现后,其结果是领带比较肥大,比较沉闷。有些成衣制造商已经通过去掉领带的衬布和里料,将这些折叠了七折的领带做成了艺术品,创造出了仅仅是用丝绸制成的七折的领带。而这些作品,往往都是耗资巨大的!

尺寸

● 宽度

各种宽度的领带都是存在的。

　　按照传统,英式的领带——即领带的发源地做出来的领带差不多 8 厘米宽,由英寸换算过来,或多或少就是这个数值。这几乎就是国际标准了。那些领带的爱好者们,更喜欢领带的底部为 9,9.5 或者 10 厘米宽,因为这样的宽度可以使领带结更大。在上个世纪七十年代,领带又宽又短。至于窄领带,五六十年代的时候盛行,6 厘米曾经是那个时代的经典。现在也有窄领带存在,但是需要注意的是,这是受美式领带的影响:细短绳配珠宝扣,只属于约翰尼·哈里戴[①]!

● 长度

　　现在,领带的长度有很多种。人们普遍接受的是宽端(窄端较短隐藏在宽端之后)应该到裤子的皮带处(因为领带和三角裤无关)。因此,您的领带的选择应该遵循如下长度。国际标准是 152 厘米到 155 厘米之间。这对于那些穿 48 码到 54 码西装的人来说,都是比较适合的。在上个世纪六十年代,法国的经典标准曾经在 145 厘米到 148 厘米。现在的人普遍都长高了。

① 译者注,Johnny Hallyday,法国摇滚歌星。

选择领带

那么,怎样搭配?

一个身材较为矮小而结实的男人应该选择一条短而宽的领带,而对于身材较高而且纤瘦的人来说,比较长的领带款式才是合适的。但是这不是必须的,领带的选择也遵循每个人的品味。

材质

这个似乎不用细说,但是一些提醒还是必要的:领带是丝质的,而不是涤纶的。就像我们可以用三条领带过一生,但是出于自我满足的目的时不时地还是要多买几条漂亮领带。

无论是细腻的还是厚重的,丝都是用来做领带的传统材料。它来自家蚕的茧而不是蜘蛛的丝。染料给了蚕丝多变的色彩。

丝可以用来编织,但是不能织造,编织的领带往往精加工成水平纹,就像织袜子一样。这种很像是编织,但是却是通过织布机来实现的,双股加捻丝线也同样是小网眼的,但是更加细小。

另外,还有一种用羊毛制成的领带,或者用羊毛和丝的混合物制成的——这种质地有时候可以带来凹凸不平的像毡子一样的效果(参见下文建议的组合)——领带还可以是亚麻和丝的混合,甚至也可以用亚麻和棉的混合。

不同的风格

在尺寸和材质的话题之后,应该是颜色和图案了。这会涉及到很多的主题,每一种都很重要。但是这样好极了,因为这就可以让每一个人都能找到合适自己的品味。在每一个图案之下,都有不同的领带和蝴蝶结呈现,这满足了人们对色彩选择的需求,满足了我们的需要。

颜色和图案

● 纯色领带

这是衣柜里的基础单品。注意,只要不选择过于花哨的颜色就好。对于搭配意式风格,请选择与深蓝色同一色系的双股加捻丝线的领带来搭配西装。在法国和美国,纯色的天蓝色是比较受人喜爱的。但请注意避免出现廉价领带的效果。

在这个类别里,人们发现了丝的编织和双股加捻丝线技术,这就提升了领带的品位。它令单色领带的材质光泽富于变化,给领带带来了丰富多变的效果。从这一点上说,选择这种纯色领带在很多时候都适用。

在这个类别里,同样地还存在着羊毛领带,纯色或者小的人字纹的图案,看上去有放松休闲的效果。

纯色的领带

天蓝色的领带和很多西装搭配都特别合适,蓝色的或者是灰色的都行。这是一个经典搭配,比如左边第二条双股加捻丝线的领带。

严谨风格

纯色的和几何图案的领带都是在都市中上班的人们的基础款。这种款式体现出您的认真和慎重。也正是这些款式和图案可以在一些重大的官方场合陪伴您,比如一些开幕式、公开演讲或者是参加婚礼。

那些织出来的小网是为了使纯色的领带具有亚光的效果。

双股加拈丝线的技法不必用在蚕丝编织上，蚕丝也可以呈现出小网的效果，它用的是编织而不是织造的技术。丝通常被织成水平纹，而且幅面要比别的领带窄。

法兰绒或者粗花呢的领带是丝质领带的很好的替代品，看上去有一点运动风。

● **几何图案领带**

极端经典主义的人仍然保留用圆点图案的领带。我们也能找到小菱形、小方块等其他的类似于田字格的几何图案。

这些领带在任何场合下都不失品位。利用线的歪斜和交错，使光从领带的表面反射出来，让领带也充满活力。

圆点领带，用英语讲是波尔卡圆点，是必不可少的单品，可以是不同的蓝色、灰色和黑色的领带上搭配了白色或者其他颜色的圆点。就如同它在最初被设计的时候一样，它可以在任何场合佩戴。

几何图案领带

● **俱乐部或者社团领带**

这也是英国领带的精髓！现在俱乐部领带已经超越了最初的只属于俱乐部的、只存在于少数人之间的小众的色彩，已经完全成为英国的一种常态领带。需要注意的是，如果您不是某个俱乐部的成员，那么请不要佩戴这个俱乐部或者社团的图案。美国人借用这个理念命名了"棱纹平布领带"，但是他们为了避免冒犯他人，已经改变了领带的条纹方向。

要注意避免领带有太多的颜色，一般来讲三种颜色是显得比较平衡的。人们发现，有的时候俱乐部领带是有很多种色彩构成的，但这并不意味着好看，还是保持谨慎和节制吧。

左边的第一条领带，红色和米色的那一条，非常适合搭配一件粗花呢的上衣，去参加一个俱乐部的活动！相反，第二条就比较适合搭配单件上衣，混有蓝色的或者是棕色的衣服都比较可以。

俱乐部领带

插入图案的领带

● 狗，徽章等

我们能发现有些领带是有插图的（丁丁、Milou、小熊维尼，或者小狗、马蹄铁等等），或者带有徽章或者是棕叶绒（英语是"佩斯利"）……这些小装饰在这个大类目下小心而适当地干预着领带的风格。如果爱马仕被做成在橙色的背景下的小老鼠的标志，而不是在底色上那么苍白的影印效果，或许会更好呢。

打猎的时候或者在乡下的时候，佩戴那些再现了野鸭或者猎狗的图案的领带都是不错的，而棕叶绒更是十分合适。

如果爱马仕要想在小动物图案的基础上做出有趣的领带，一定要避免那些滑稽的东西。那些有小的徽章图案的领带是给运动风的领带预留的，因为它们完全不适合搭配西装。相反，那些印刷风格的图案（花朵、羽毛等等），被称为"古老的召唤"，都是给那些过分讲究和严谨的骨灰级的爱好者们准备的。这种腔调很难找到与之搭配的配饰。

● 方格领带

通常都是用羊毛制成的，这些方格领带并不是和任何款式的西装都能搭配的。这一点需要注意，因为这种领带通常都是很显眼的。

领带在威尔士王子那个时代是十分时尚的，而且风靡整个六十年代，特别是纤细款。这些用颜色特别丰富的马德拉斯布做成的领带能立刻给人一种预科生的学院风，小的维希格也可以有这种感觉。最后，粗花呢或者格子花呢的领带也特别符合乡村风格。

方格领带

领带的结

　　领带结的问题经常被说起。这本书不是为了教您怎么样打一个特别的领带结，因为单纯用文字来描述怎样打结是很难的。在 Youtube 上充满了关于这个主题的教学视频。如果用薄领带，您可以打一个双结，用厚领带，可以打一个单结，这是最经典的。对于很多行家而言，最重要的是结的轻微不对称。这绝对不会破坏效果上的完美。领带结的一侧可以比另一侧倾斜得稍微多一点儿（但是领带的摆不可以倾斜，它必须处于衬衫的中心让两边的位置对称）。领带应当看上去比较松弛，轻盈，领带结不要像能滑动的缰绳，也不是您被奴役的标志。它是一件装饰品。领带的结应该能够给予您舒适透气的感觉，因此衬布就显得尤为重要。

领带结的例子

　　打领带的时候，必须让领带的下摆在结的中间。对于大多数人来说，这就意味着领带结并不好打。因此，为了得到这个优雅的"水滴"——这是它的名字——就要掌握打领带的技巧！

搭配

对于安托万而言，最大的困难是要学会将他的领带和他的衬衫与西装做合适的搭配，不出现选择的错误。的确，在搭配的时候，不同的要求，不同的搭配风格会出现不同的品味效果。

就比如，对于衬衫而言，首先应该关注的是衬衫的图案，然后是它的颜色。图案的搭配原则是比较简单的：

——条纹的领带可以搭配纯色的或者是条纹的西装或者衬衫；

——方格的领带搭配方格的和纯色的西装或者衬衫；

——纯色的、几何纹的领带几乎可以做任何搭配，在任何场合（工作或休闲）下都可以。

对于颜色而言，在满足了领带与上衣或者衬衫的颜色能够和谐搭配之外，就是体现个人品味的问题啦。

最简单的开始是用两个比较相似的图案来搭配纯色的衣服。比如，领带和衬衫是条纹的，西装是纯色的。或者西装和领带是条纹的，衬衫是纯色的。因为，过于繁复的效果反而很难看！

下边的插图给了大家与不同领带的搭配建议。第一行是最简单的，对于新手来说风险最小。

正如您多次看到的一样，相反的图案的搭配被显示为灰色的。另外，同样地也不要将三种图案突出的单件搭配在一起，比如说西装、衬衫和方格领带。这种概括听起来很简单，但是构成了穿衣搭配的基础。然后，您才可以自由地逾越或者融合那些禁忌和规则。

纯色西装　　　　条纹西装　　　　方格西装

纯色领带

俱乐部领带

方格领带

搭配

请注意,每一次的衣着状态都应该是自由自在的松弛状态,也就是说,混合了粗花呢或者轻羊毛的方格(条纹的布料做上衣意味着在都市上班穿着,而不是休闲风)西装上衣,已经能够完全展示俱乐部风格,因为俱乐部图案本身就是比较休闲的,它的起源要追溯到早期那些绅士俱乐部的颜色。当然,任何规则都有例外,这就是事物有趣的一面!因此,俱乐部领带并不与格子衬衫和格子西装搭配,除非是一套乡村风格的穿着。

和俱乐部领带搭配

作为补充的配饰

蝴蝶结

打领带,是在穿戴结束后为了扎紧衬衫的领口要做的两个重要动作之一。如果这个办法行不通,那么系蝴蝶结就是必须的,而且是很别致的选择!

在很长一段时间里,领带是由那些深爱自己衣着的建筑师们佩戴的,领带本来的用途是建筑师在绘画的时候用来擦画板上的墨水的。埃尔热①和勒·柯布西耶②为了这个原因,还戴着蝴蝶结。还有些医生,在他们看来,带着领带可以避免将一个病人的细菌传染给另一个人。

领带到了上个世纪六十年代就已经是很常见的了,接下来的一段时间里它却丢失了自己的原始身份,直到被小丑们作为滑稽的标志重新找回来!在我们如今的时代,很少有人天天佩戴领带,领带有了替代品。我们应该认识到,领结更合人心意。几乎年轻人和文人墨客都佩戴领结。不过,有一点是肯定的,要感谢那些年轻的品牌所做的工作。

在城市中佩戴的蝴蝶结大约 80 至 90 厘米长,宽度是多种多样的,大部分是丝质,但也有法兰绒的、粗花呢或者是棉质的。

蝴蝶结

---

① 译者注,Hergé(1907.05.22—1983.03.03)比利时漫画家。代表作《丁丁历险记》,被誉为"近代欧洲漫画之父。"
② 译者注,Corbusier(1887.10.06—1965.08.27)法国建筑师,现代主义建筑的主要倡导者。

领结有很多种不同的形式,确切地说是不同的轮廓。

两端直的蝴蝶结

● 带状结 ❶

在形式上,它是 5 厘米宽的一条带子,没有特定的形状,所以很难打结,并且只适合搭配翼领。

● 窄领结 ❷

这是第一种领结的改良版。它的宽度在打结的部位有所不同。但也不是特别容易打结,而且打出来的领结具有第一种领结相同的审美特征。这是夏尔凡最卓越、最精致的款式。

两端尖的蝴蝶结

● 凸肚形领结 ❸

这是最近这些年的发明。它的打结的部分是圆形的,因为形状的配合,可以很容易地落入结点,比较容易打结。

为了看上去不是那么滑稽,打好的领结的宽度不要超过您脸的宽度,要是领结刚好和您的两只眼睛外眼角之间的距离一样就最好了。福特或者兰文家的有些法兰绒款式的领结恰恰与此相反,因此只是为了搞笑罢了。

有一款长领结已经彻底过时了,但是曾在上个世纪六十年代很受美国人的欢迎,这款领结很长,但是非常迷人,它偶尔也会回归时尚圈。人们也可以发现两段比较尖的领结,尽管两端直的领结才是标准款。

细带蝴蝶结,二十世纪六十年代

与领带不同的是领结的系法和解法,领结是可以预先打好的,详见打结和缝制的部分。因此,除了领结本身的形式以外,还有很多种不同的领结变体是预先做好的:

——根据颈部的周长做好的合体的领结带,这种在成衣款里很难找到,除非是为翼领燕尾服准备的领结,很显然这种领结不应该露出金属扣。

——可以改变长度的别针式领结是最为常见的,因为它让许多的小时装店避免了保留大量不同尺寸的库存。这种通常是预先打好结的,但是如果需要的话它们可以解开结;

——在一条带子上打好结的或者缝制好的领结不是最好的选择,但是它们对于还没有熟练掌握打领结技术的人来说还是有用的。

领结带长度量体裁衣

可以改变长度的别针式领结

预先打好的领结

因此不用说赶时髦或者附庸风雅带蝴蝶结,至少说明会打蝴蝶结。很显然,一个用别针预先打好的领结是很体面的,但是您应该穿一件翼领的衬衫。如果您知道怎样打领结的话穿翼领是别无选择的。从一开始就多练习,打领结并不难。

打蝴蝶结有点无聊,没有人能为您打蝴蝶结,这一点与可以滑动的领带不同。一旦打好,领结,就是固定的! 要想学好打领结,练习一个下午的时间还是必要的。描述打领结的这个过程是比较困难的,但是打领结和系鞋带很相似。

图案和颜色的问题

这个和领带的风格是一样的。请一定要记住,蝴蝶结和某些着装穿戴是不能搭配在一起的,比如夹克,从传统的角度来看,蝴蝶结只和燕尾服搭配。

小手绢

胸前口袋里的小手绢是优雅气质的体现。这个小小的装饰性的单品重新回到时尚界,特别是在我们不打领带的时候。对于一件外套而言,这个小手绢带来了休闲和精致,它并不是毫无用处的。

关于材料,虽然很大一部分款式是丝质的,但是最讲究、最经典的还是棉质的。而麻质的材料,特别薄,做手绢来讲特别容易弄破。丝质的,有垂感,但这种材料又太软。

小手绢应该与衬衫或者领带和谐搭配,但是请注意,小手绢不要和它们是一种材质,否则就有搭配低俗化的风险。

关于风格和谐统一的问题必须考虑,因为可供选择的图案和颜色实在太多了。最简单的搭配是选择白色的小手绢,它几乎可以和所有的衣着相搭配。其次,一些有印花的小手绢,应该或多或少总能和您的领带、衬衫的图案或者材料搭配到一块,这就要靠您的才华了,在此仅作为一个参考的建议。

对于颜色来说,就比较复杂。要么您重复用您衣着上的某个主要颜色的手绢,要么您重复您衣服上的一个配色。比如,如果您的米色上衣有细小的天蓝色方格,那么用有天蓝色花边的小手绢就会配合这件衣服的颜色。同样,我们也可以使用一块颜色完全不同的小手绢,但是要与您的衣着的整体色调相搭配,比如说,一条绿色的小手绢搭配铁锈色或者棕色粗花呢的上衣。

初学者有一条白色的小手绢和一条蓝色的小手绢是必须的。这样可以搭配英式风格(图ⓐ)、美式风格(图ⓑ)或者意式风格(图ⓒ),有皱或者熨烫,依据您的个人喜好。但是您也可以做"空服",也就是说不放小手绢,一个著名的英国绅士说过,这个选择的优先权在您自己。

ⓐ　　　　　　ⓑ　　　　　　ⓒ

胸袋里的小手绢是一块多功能的手帕?

不是！标准的说法是"小手绢"，而不是"小手绢的手帕"。标准的大小接近于30乘以30厘米。手帕，应该是放在裤子或者上衣、外套口袋里的，大小为45乘以45厘米，如果把手帕放到胸部口袋里，将令人很不舒服。

所有的这些搭配都是复杂的，我跟您讲，真的是这样！而且还要一步一步地进行搭配，左右权衡；因为有一件事情是肯定的，这不是艺术，而没有艺术也可以有美丽！

建议及保养

领带的日常保养是比较简单的：每天晚上打开它的领带结，把它悬挂起来。现在有特别好的多功能衣架，可以专门挂领带让它们休息。理想的情况是，在非周末的时间，至少每天有一条领带，这样便于交替使用。选择领带，可以从价格不是特别昂贵的单品开始，然后您再一点一点逐步替换成精致的款式。

要特别关照的是那些特别容易起皱、特别是经常在办公桌边被积压的丝质的领带。当我们在电脑边度过一天，领带的局部也很有可能是被不断地摩擦了一整天。有些领带还好，但有一些就不能保全了。

如果您弄脏了领带，这种情况就变得比较复杂！事实上，由于清洗剂和加热熨烫的影响，丝质的领带都有变白或者颜色变淡的情况。人们普遍认为，洗染工们把领带拆开是为了恢复领带的平整。这种想法是错误的，因为那将是一项艰苦而困难的工作。而且更重要的是，如果没有人能够娴熟地掌握重复领带折叠点的技巧，处理之后的领带更是丑陋。最好的办法也是最常用的办法，很不幸，只能是扔掉，但是在做出这个决定之前，洗染工人会反复确认的。

一些有用的地址

Balibaris

一家值得注意的年轻的商店

地　址：14，rue de Marseille –
75010 Paris

网址：www. balibaris. com

Breuer

一家多元化的法国大型领带企业

地　址：14，rue de la Paix –
75002 Paris

网址：www. breuer. fr

Charvet

法国精华，顶级品牌

地　址：28，place Vendôme –
75001 Paris

网址：www. charvet. com

Drake's of London

与伦敦同名的鼎鼎大名的精致
领带

网址：www. drakes-london. com

E. Marinella

那不勒斯精华，鉴赏家们必须
拥有

地　址：31，avenue George-V-75008
Paris

网址：www. marinellanapoli. it/fr

Hackett

英式风格，选择其产品总是保守
安全的

地　址：78，boulevard des Capucines –
75002 Paris

网址：www. hackett. com

Howards

质量上乘的青年创作者的商品

网址：www. howards. fr

Le loir en papillon

为穿着讲究的人做的单品（还有
其他配饰）

地　址：rue'd Amsterdam – 75008 Paris

网　址：www. leloirenpapillon.
com/fr

大衣

冬天将至,安托万义须要考虑花钱买一件大衣了。实际上,他的羽绒服都比较短,与他的新添置的衣服一起穿实在太不协调。在逛商店的时候,他发现了大衣有不少款式,大多是黑色的。有些是短款的,有些是长款的。哪一种更好呢?

关于大衣的简单介绍

大衣是男士衣柜里必不可少的一件单品,但却经常被忽略。我们总能看到一些平淡无奇的大衣款式无精打采地披在一些绅士的肩上。这真是大错特错啦!其实拥有一件、最好是两件漂亮的大衣并不是太难的事情,一件在都市里穿,偏商务款;另一件走运动风,比较休闲。而且,一件大衣每年只穿几个月,可以穿上好几年。

大衣尽可展现出穿衣人的优雅和绅士。它令人风度翩翩,仪表堂堂。还有另外一层意思:大衣是最好穿的一件单品。当您从餐馆或者裁缝店出来的时候,大衣可以敞开怀披在肩上。这个动作在特定的情况下可以体现出主人的社会地位。

大衣对于您来说即使忽略很多元素也还是很有用的,因为,我们不要忘记,大衣的作用是保暖。但不幸的是,人们很少用它来保暖。现在办公室和家里都有充足的供暖,那么在室内穿一套西装甚至是穿一件衬衫就足够了。在室外的话,春天和秋天这么穿也可以,甚至冬天也没什么问题。

就大衣而言,有十几个不同的款式,根据大衣的闭合方式、口袋和领子的款式的不同,每一种大衣都有具体的名字,对应的是大衣最早的功能和用途。除了款式不同之外,衣服的长度也有众多变化。

正如我们所说的,时尚的目的是消除了穿衣者的阶层概念。而历史告诉我们,随着对舒适性要求的提高,男人逐渐减少了穿着的衣服。但这并不妨碍某些过时了的外套款式始终处于时尚的前沿,这是一个纯粹的设计风格的问题。

不同的款式

切斯特菲尔德大衣

切斯特菲尔德大衣是都市款大衣的精髓。这是一个很古老的款式,它的名字可以追溯到一个英国的公爵家族。它在二十世纪初被推广,代替了双排扣常礼服。它由男士长礼服演变而来,长度介于大衣和短外套之间。有时候,它也被叫做克龙比大衣,名字来自英国的一家著名的军工厂。

切斯特菲尔德大衣相对来说是比较长的款式,至少要到膝盖以下。可以说,它也可以到大腿的中部。传统上是比较宽松的款式。这是一个单排扣的款式,很少见到双排扣的。漂亮的款式用的都是有斜角兜盖的衣袋,体现着典型的英国都市的英式优雅。而意式的,这款大衣就缩短很多,而且经常用比较薄的面料,这是当地的气候决定的。大衣是四粒扣的,但是三粒扣的早已经成为这个款式的标准。

切斯特菲尔德大衣同样可以用方格或者是条纹的面料来做。但是根据经验,这个款式一般不用这些花纹,而是采用纯色的衣料——这是一个逻辑问题,因为大衣要盖住各种西服上衣和裤子,而图案的混合不是品味精致的选择,除非是纯粹个人风格的探索。条纹西服套装穿在方格大衣里的效果,可能真的是不好看。这个搭配和之前我们在关于衬衫的章节中介绍的原则几乎是一样的。

那么,怎样搭配?

安托万选择了一件三粒纽扣的切斯特菲尔德大衣。我们很容易在商店里找到深灰色(英国称之为碳色)的这款大衣,用来搭配西服套装。厚的人字纹的羊毛毡质地是十分理想的。但要注意的是,不要选择颜色太鲜艳的缎子里衬,很快就会不喜欢的。

我们是否应该有件收腰的大衣?

这是一个很中肯的问题!根据以往的经验,经典款是很少收腰的。一些大衣是用比较厚的羊毛做成的,大衣凭借它的重量就会给人以厚重和保暖的印象。当衣料的材质变薄了,大衣的尺寸才开始接近胸围。在夏天,衣服需要足够宽松可以使空气流通,而在冬天,衣服要贴紧人体保持温暖!薄的衣料要求作出线条和曲线,厚的衣料用它的重量给人保暖。

切斯特菲尔德大衣

带披肩的斗篷和披肩

带披肩的斗篷，又被英国人叫做"因弗内斯斗篷"，是完全过时的款式。只有奥地利人还在使用，比如夏洛克·福尔摩斯穿过，它来自马车夫的披肩。

带披肩的斗篷和披肩

在十九世纪八十年代,无论在城市还是在乡村,它的款式都非常流行。

斗篷实际上是披肩结构的进一步衍生。组成部分包括身体的部分和袖子,有时候也可以无袖就像一件长马夹一样,而在肩部覆盖着一层或者多层披肩。这个最早是为了保护射箭的靶子——羊毛不是完全密封防水的——这样的多层可以在几个小时之内保护骑马的人不被淋湿。

根据惯例,斗篷是比较长的,差不多到膝盖或者小腿的中部。

同样一个系列的,还有披肩。威尼斯人成了大型服装成衣商,有受人喜爱的品牌 Tabarro。这些衣服既可以适应乡村的环境,又很正式。

披肩由一大块羊毛布料构成,就像长袍,而斗篷更像是外套上衣的躯干部分。

大粒双排扣

大粒双排扣的是城市款的大衣,被英国人叫做"英国温暖"。它源自军装,有的时候有束衣服用的狭带扣。这个经典的都市款,在冬天特别保暖。双排扣重叠的地方给予上半身加倍的保暖。现在这款大衣有了特别丰富的颜色。

这款大衣我们可以适当地选择长一些的,让比例尽可能保持平衡。这是一个比较正式的款式,给穿着的人增添了不少稳重的感觉。

大粒双排扣马球手大衣

马球手大衣

马球手大衣是双排扣大衣的一个变种。它比较短一些,而且更具有运动风格。它有两个深深的贴袋口袋,有时被叫做"信箱口袋",袖子的袖口部分有装饰。这是一个特别经典的双排扣款式,作为其标志的大领子可以很容易地立起来。棕色的大号人字纹面料做出来的大衣也很好看,就像赫尔克里·波洛系列小说中的黑斯廷斯上尉①穿的那样。如果配上一顶米色的驼绒小帽就更加经典了。马球手大衣的长度一般是不超过膝盖的,这样可以显示出运动风,而且适合和休闲的穿着相搭配。

① 译者注,黑斯廷斯上尉 Capitaine Hasfings 是英国著名剧作家阿加莎·克里斯蒂的波洛系列侦探小说中的人物,是波洛的好友。

西装式大衣

和它的近亲切斯特菲尔德大衣比较起来,西装式大衣更多一些运动风,也更加短一些,西装式大衣是经典优雅服饰当中必不可少的单品。实际上,它仍然是男性衣柜当中英国风格的服饰占统治地位的一种表达。

它的长度到膝部,略长或者略短一点都行,三粒扣或者四粒扣均可,如果是四粒扣的款式,那么最顶端的扣子可以隐藏在喉部。大衣的领子可以辅以一层灯芯绒。根据神话传说,这个细节来自英国的贵族,他们在革命期间为了声援那些被斩首的提倡贵族政治的人,都在脖子上戴一条如血般闪亮的丝绒。无论这是传说还是现实,听起来都是十分有趣的。

此外,西装式大衣在衣襟的底部和袖口处有四行平行的线缝,被称为"铁路线",这是西装式大衣的另外一个设计上的细节。

经典的西装式大衣经常使用,被叫做"马裤呢"或者"骑兵斜纹布"的米色或者橄榄色斜纹羊毛布料制成。

立领大衣

西装式大衣的领子比前面一款大衣的领子要短一些,它是现代的一个发明,是这些年才不胫而走的一个款式。设计师的工作体现了不断寻找的新想法,虽然大部分的创意都被遗忘了,但是还有一些被保留下来。

毫无疑问很多设计上的想法只是来自一个简单的观察。为了颈部保暖而安排了围巾的位置,我们经常会考虑把领子立起来,这样一来就露出了领子的背面。既然这样,那么为什么不将二者结合起来做成一种大的军官领?这很可能是设计师最初的一种假设,但最终被很好地实现了。颈部的保暖完成了,而手部的也是如此!就像手套经常被人遗忘,那么衣服上的两个口袋就可以让手轻松地滑入其中。

立领大衣是一个都市款式,往往建议用深色面料,这个款式很简单,却具有运动风。它比双排扣大衣少了一些翻翻风度,却

那么,怎样搭配?

穿时尚风格的大衣,安托万在任何场合下都毫无障碍,无论是工作还是休闲,包括和牛仔裤搭配都可以。

西装式大衣和立领大衣

更具有现代感。安托万会按照自己的喜好做出选择的。他可以将大衣和西装搭配在一起，也可以将大衣和他的休闲的穿戴搭配在一起。

雨衣

雨衣在使用的时候是可以混搭的。这里讲的不是严格意义上的冬天穿的大衣，而是雨衣，几乎适合所有的季节。英国人称雨衣有好几个名字，比如叫 Slippon 或者 Mackintosh，这是天然橡胶发明者的名字，他提出了将天然橡胶和棉结合在一起制成防雨材料的想法。

雨衣都是单排扣的，很少见到收腰的款式。常见的是米色的翻领款式，类似衬衫的领子。雨衣没有里衬并且扣子要系到颈部。就像立领式大衣一样,雨衣的口袋都是在腹部的左右侧的,这样双手可以很容易地滑到兜里取暖而不需要戴手套。

大衣在二十世纪六十年代风靡一时,现在它仍然是无法回避和忽略的款式,它非常实用,轻巧方便。现在更是有些款式的大衣是可以拆卸的款式,所以一年四季都可以穿,而在冬天更是必不可少。安托万的米色棉质或者尼龙材质的大衣将发挥多种用途。

拉格伦大衣①

拉格伦式大衣在形式上是雨衣的小兄弟,但是从面料上来讲,却经常用羊毛制成,而不是用经过防水处理的棉。

跟其他很多衣服的名称一样,"拉格伦"这个词也是来自英国。庄园主詹姆斯·亨利·萨默赛特是格拉伦第一巨头,在滑铁卢战役之后他给这件大衣命名。他设计了一个特别的袖子的剪裁,这个袖子不是缝在衣服的顶端位置(袖窿),而是集成在衣服的躯干部分使之成为身体的一部分:袖子和肩膀不可分割。这种剪裁使舒适度无限提升,但是,这对于那些要展示运动风度的人不是特别有利,因为太宽松了。拉格伦式大衣从不收腰,因此看上去挺好玩儿的。

雨和格拉伦大衣

大衣一直是防水的吗?

几个世纪以来,直到今天,羊毛都被用来挡雨。正是大衣的厚度保证了它的防水性能(当然也是因为羊毛当中还含有少量的羊脂)。在十九世纪初期,通过添加一些橡胶成分制成了第一批防水面的面料。在这个发明和添加的过程没有涉及到羊毛,不免令人遗憾。现在,用一些类树脂和热胶合的混合可以做出防水的羊毛,但是最好还是在下雨天打伞!

---

① 译者注,拉格伦大衣是袖缝直达领部的套袖式大衣。

风衣

风衣的由来是有历史的,这仍然跟英国人有关! 一直有两家争夺它的起源:巴宝莉和它的创立者托马斯·巴宝莉为其中之一,而雅格狮丹为另一家。但有一件事情是确定的,这种大衣的发明要追溯到二十世纪早期,英国陆军战事部的招标细则上记载,为了给军官做大衣而订购了一批防水棉华达呢。

男士的经典款总是从这些军用的服装整理而来。值得注意的是,英语"风衣"这个词是来自法语"战壕",令人难过的是,它是在一战期间被使用的。

其他的要素:

——肩部有用钮扣固定的束衣服用的狭带扣,它的作用是可以缚住不同的物件:手套、军用缚枪的长皮带,等等;

——巨大的领子可以轻松地被提起来,在遇到恶劣天气的时候可以保护脖子。在领子的下面有一个带有金属扣的可以收紧的狭带扣,它可以使领子的颈部收得更紧;

——在右肩的位置,有一个可以折叠翻转的领圈。因为在军队里行进的时候,都是右手托枪,这个领圈可以覆盖住枪,防止雨水进入其中;

——双排扣的位置比较高,而且至少有十粒扣子;

——风衣比较宽松而且较长,一直垂到膝盖以下,这个高度几乎就是在没有靴子之前的绑腿的高度;

——集成了金属扣的腰带,金属扣在衣服前部;

——衣服的口袋为左右腹袋。

所有以前的这些细节都在,风衣在我们这个时代几乎被完好无损地保留下来,甚至包括女士的款式也完好保留! 当年的风衣应该感到安慰,如果说改变的,只是偶尔有的风衣采用了插肩。风衣在绝大多数情况下还是没有里衬的,有时候可以找到有羊毛里衬的款式,也仅仅是棕色的皮革款,像二十世纪三十年代的航空英雄一样。但那个时期的款式太短了,皮风衣的长度在膝盖和大腿之间,这是为了追求防雨的功能却又要保持舒适坐姿而采取的一种妥协。

那么,怎样搭配?

和雨衣一样,风衣在城市中也很风行,包括和西装搭配的夹大衣,风衣能够满足安托万的很多要求。

风衣

粗呢大衣

粗呢大衣拥有一段显赫的历史。它原本是一件厚的羊毛初毛大衣,没有经过去脂处理,渔民穿着它抵挡海水的浪花和泡沫,这就能解释了为什么会有风帽存在,而这个风帽在大衣类的服装中是独一无二的,另外,由编织绳和巨型牙齿组成的勃兰登堡搭扣,最初也来自海洋生物。

粗呢大衣比较短,到大腿的三分之二的位置,肩部有加固的边。在英语国家,这种大衣被叫做"蒙蒂外衣",是蒙哥马利将军在二战期间习惯穿的款式。"粗呢大衣"这个术语本身来自比利时的北部港口城市达菲尔。

如果大衣是非常实用和保暖的,那么这并不是城市的经典款式。相反,它是给特定的人群准备的,比如 25 岁以下的年轻人和大学里的老教授们。它的主要缺点是线条臃肿,令您看起来像个霍比特人! 但是这种大衣是很舒适的并且适合和各种穿戴相搭配,里边可以穿西服套装,也可以只穿一件 T 恤衫和牛仔裤。特别是风帽的存在,这更可以左右安托万的选择!

驾车大衣

驾车大衣是二十世纪五十年代的标志性大衣,因为那个时代每个人都有可能买辆车! 所以设计师不止一次地设想给坐在驾驶座上的人设计保暖的衣服(在那个时代,高效的车载取暖系统还不存在)。驾车大衣的特征是长度到大腿的中部,这是第一! 它看起来更像是一件外衣。在那个时代,按照人体各部分的比例标准来说大衣太宽松了,大衣有两个腹袋和一个收紧的领口。经典的面料是阿尔坎特拉皮革(一种仿麂皮织物),里衬是羊毛的。

如今,像这样的大衣已经没有人在穿了,但是大衣的长度被保留下来,并影响着设计师们的创作。

粗呢大衣和驾车大衣

厚呢上衣①

和粗呢大衣一样,厚呢大衣的起源也是跟大海有关系。出身于海军的更衣室,做厚呢大衣的传统布料是深蓝色的厚羊毛呢子,这多么合乎逻辑!

这是一件双排扣的短款。双排扣是一个显著的细节,大衣可以在左边系扣,也可以在右边系扣。这就比较适合船上的水手们,无论风从左舷还是右弦来,都可以被保护到。大衣的钮扣都没有镀金,经常是雕刻成来自海洋的物件,比如船锚。

那么,怎样搭配?

作为今天标志性的款式,厚呢上衣可以应对任何场合,无论休闲还是工作。上衣里边,可以穿西服套装,也可以穿 T 恤衫,厚呢上衣很可能是最实用的一件单品。但是,它也会造成穿衣者蜷缩的印象,因为它不是收腰的,也没有双排扣在视觉上造成的扩张感。安托万应该很可能选择粗呢大衣作为他休闲装的搭配吧。

厚呢大衣和巴伯尔上衣

---

① 译者注,厚衣料的无帽短大衣。

巴伯尔上衣

巴伯尔首先是一个英国的服装品牌,但是它的气场是如此地强大以至于"巴伯尔"这个词开始变得普遍。这家公司发明了一种可以将厚重棉织物和不同的棉质面料混合浸渍的方法,这种方法目前仍然或多或少地被使用。使用这种方法处理,可以让大衣本身具有防水的功能。我们将其称之为"油布棉"或者"蜡棉"。它的优点是可以在大衣的使用过程中多次进行浸渍。因此,一件巴伯尔的衣服可以穿用数年。另外,这个品牌是最近提出的可以提供多种售后服务的商家之一。即使是在您购买了他们的大衣很多年之后,还可以享受他们的售后服务。

巴伯尔这个牌子提供了很多标志性的款式,其中最主要的有两类:

·巴伯尔常礼服上衣,这是一个长度可以完全覆盖住腰的上衣款式。用拉链封闭上衣,有两个大的贴袋口袋,口袋上有带有钮扣的兜盖。衣领收紧围住脖子,就像巴伯尔家的一贯风格一样,领子上贴了一层灯芯绒。

巴伯尔上衣和战地夹克

·丽兹代尔棉袄,它的特点是由它的材质决定的,多层尼龙,中间被填充,既保暖又轻便。像其他很多文明的演变一样,填充布匹也是其中的一个特征。它的来源未知。在欧洲,这种填充的用法的影响已经蔓延到了军队,从中世纪开始在盔甲下有夹棉的夹层。现在的夹棉的用途已经发生了变化,更多的是用在休闲的场合,比如狩猎、骑马或者是击剑的时候!

巴伯尔在形式上都是单排扣的,款式简单。这是一个特别实用的款式,也适合各种场合。詹姆斯·达尔文,一位英国作家,他甚至认为巴伯尔可以用于都市中的任何场合,哪怕是在那些最高场合穿巴伯尔上衣也合适,巴伯尔里面甚至可以再穿西服套装!另外,巴伯尔也适合乡村风格,它也是"打猎"的同义词。

巴伯尔的衣服颜色都是比较保守而经典的。最常见的颜色是橄榄色,这也是蜡棉本身的颜色。除此之外,我们还可以见到棕色,这是非常适合周末的休闲色调。如果是在工作日,为了看起来比较职业化一些,现在也有黑色或者是深蓝色的款式了。

战地夹克和飞行夹克

最后进入目录的是这些短款外套,都是二战遗留下来的款式,在马歇尔计划时期美军有大量的储备。

它实际上更像是束腰短外套(夹克)而不是大衣,这种款式可以直接穿而不再需要加外衣。它们的一个共同特征是,长度到裤子的顶端,也就是大概髋骨往上的位置,不能完全覆盖住臀部。

来自军队的两个服装术语:

——战地夹克,由美军陆战队的 G. I. 穿着;

——飞行夹克,绰号"轰炸机",由飞行员和空军士兵穿着。

这些外套通常都有一种可以伸缩的腰部收口,被叫做"克夫",在髋骨位置将衣服收紧。根据衣服的不同型号,夹克上也有带有兜盖的口袋或者是腹袋。

皮质的飞行夹克通常都是和飞行员的身影联系在一起的。如果说这种祖传的材质还一直被使用,是多亏了军队裁缝们的工作,使得飞行夹克有了非常有趣的形式。皮革为人称道的是它的抵抗力和耐力,还有它的隔热性,因为它可以在火焰面前对身体起到一定的保护作用。B3 款飞行夹克,可以追溯到二战时期,因为有羊毛贴边,所以它成了一个非常容易识别的款式。按照传统,在夹克的前面有一个大的地图口袋,口袋的大小因为有了拉链而可以调节收紧。

周末,如果我没有合适的外套,我可以穿像"轰炸机"这样的小夹克吗?

是的,绝对可以。人们对外套的指责和抱怨通常是因为穿起来不是很方便(不轻便,不顺贴,太僵直或者是太闷热)。如果没有足够的理由,一件衣服并不适用于所有的场合。除了外套上衣,裤子也需要考虑是否合适。周末出去,一件运动风的长裤可以搭配什么?在都市里和在乡村中分别能和什么搭配?最显而易见的回答是,轰炸机夹克可以搭配以下针织品:V 领或者圆领针织衫、或者高领毛衣、外套式衬衫、开衫、披肩领毛衣、背心等等,只要是蓝色或者棕色调的都可以。您可以自己多花点心思搭配一下。

一些有用的地址

Aquascutum

英国著名的品牌

网址：www. aquascutum. co. uk

Barbour

骑士俱乐部的乡村风，顶级制衣

地址：240，boulevard Saint-Germain

75006 Paris

法国的其他店址请访问网址：www. barbour. com

Brooks Brothers

经典款的大衣和雨衣

地址：372，rue Saint-Honoré - 75001 Paris

网址：www. brooksbrothers. com

Canada Goose

顶级的羽绒服.

网址：www. canada-goose. com

Chevignon

皮衣和羽绒服！店铺遍及法国

网址：www. chevignon. com

Crombie

一家令人敬仰的英国机构.

网址：www. crombie. co. uk

Good Life

大量的皮夹克。甚称完美

地址：33，rue de l'Assomption - 75016 Paris

网址：www. good-life. fr

London Fog

并不像它的名字所指明的那样，其实这是美国的一家大公司

网址：www. londonfog. com

Loro Piana

安全可靠的式样，无懈可击的质量

地址：12，rue du Faubourg-Saint-Honoré

75008 Paris

网址：www. londonfog. com

Saint James

一个无法绕过不谈的法国品牌，店铺遍及全法国

网址：www. boutique-saint-james. fr

Schott

美国制造的皮夹克

网址：www. schott-store. com

鞋

　　为了参加堂兄的婚礼，安托万曾在几年前买了一双黑色的皮鞋。这款鞋并不贵，就舒适度而言也就是它价格的水平，不免令人遗憾！另外也不难发现，安托万在企业实习期间，他的一些同事也穿了类似的但不完全相同款式的鞋，安托万并不是唯一。因此有必要提及如何穿鞋的一些规则。

关于鞋的简单介绍

对于一些男士来说,在都市里可能经常会遇到如何穿鞋的问题并受到困扰。尤其是当他们需要一天 8 小时以上都穿着某双鞋的时候——脚部的不适毫无疑问是一个老生常谈的问题!

除了简单的需求和对舒适性的要求之外,穿鞋的风格规则对于传统经典皮鞋来说,基本上是固定的。有几种形式存在——有些是很正式的款式,而另一些就是偏乡村风格的休闲样式——无论哪一种,都体现着英国的穿着艺术。至于皮鞋的颜色,是同样重要的,颜色或多或少地影响着西装或者休闲装的搭配。

当今时代,休闲鞋得以发展。因此,篮球鞋、跑步鞋和其他的跑鞋逐渐填满鞋柜。不同款式的皮鞋,也可以让人们应对不同的场合。

经典款式

莫卡辛无带低帮鹿皮鞋,或叫"罗浮"船鞋

莫卡辛很有可能是现存的最古老的皮鞋款式之一。它的构思很简单:没有鞋带的可以包住脚的轻便鞋。按照盎格鲁—撒克逊的男士服饰专家迈克尔·安东(又名尼古拉斯 Antogiavanni 或 Alan Flusser)的观点,当代的莫卡辛在美国风靡和普及之前,作为一种休闲鞋最早出现在二十世纪早期的挪威。正是这种鞋子,被英国人叫做"罗浮"鞋。

但是值得注意的是在法国旧制度时期,莫卡辛就已经出现,尤其是丝绒面料的莫卡辛曾经是当时的庭院鞋,在室内或者客厅穿着。今天,室内莫卡辛有了两种替身(在两种不同的场合,演变成了两种不同的鞋):

——拖鞋(过去的法语名字),这是一种在家里穿的、丝绒面的、绣有自己名字首字母的鞋子。

——歌舞剧鞋(这个没有准确的翻译),有一个版本是黑色漆皮,中间有一个丝绸罗缎的结。

这些莫卡辛的一个特点是由一块皮料裁剪下来。围绕脚的部分(被称作"鞋帮",除了鞋底的部分)的皮料是一整块的,只是在鞋帮的后部缝合起来,因此看起来是个圆形。

我们在外边常穿的更为随处可见的款式也有,也都是英国人命名的。这些鞋的特征在于脚的前部是比较平坦的托盘状,或多或少的缝制细节都是在后边鞋帮的部位。

室内穿着的莫卡辛

歌舞剧鞋莫卡辛

● **便士罗浮鞋**

莫卡辛的款式里最有名的就是便士罗浮鞋。它是美国东海岸大学预科生的首选款式。这也是学院风的典型标志之一。经典的便士罗浮鞋在外型上看起来有点儿笨拙，有点儿粗糙，但是它的鞋底却是非常柔软的，由橡胶制成。美国的制造商巴斯公司因为发明了这款鞋而出名。

随着时间的推移，便士罗浮鞋被英国人改良了多次，后来又被意大利和法国人共同开发，这其中就有著名的伯尔鲁帝①，尽管人们后来在此基础上开发了更加细腻更加刚性的可以搭配西装的莫卡辛鞋，但是这种搭配仍然不是在所有场合都能被接受。

那么，怎样搭配？

便士罗浮鞋是一款具有运动风格的皮鞋，它可以和那些不成套的穿着搭配。

美式便士罗浮鞋　　　　英式便士罗浮鞋　　　　现代便士罗浮鞋

● **流苏罗浮鞋**

另一个莫卡辛鞋的经典款式就是流苏罗浮鞋。它的起源相当复杂，二十世纪四十年代末，马萨诸塞州的鞋匠查尔斯·奥尔登为好莱坞的一个演员做了这种鞋。当时的想法很简

金属扣的创意

意大利的古驰公司最先有了这个主意，并开始付之于商业实践——在莫卡辛的鞋舌上方加了一枚镀金的马嚼子卡扣。

采用炫丽的珠宝做装饰原本是一场独特的引人注目的时尚运动，特别是在二十世纪七、八十年代的商务和金融行业。

① 泽者注，Berluti，1895 年诞生于法国的世界顶级的手工制鞋品牌。

怎样搭配?

就像所有莫卡辛一样,它不太适合与西服套装搭配在一起。安托万可以选择一双流苏罗浮鞋在周末穿。

单:创造出一双顾客需要的带有流苏或者坠子的宽敞舒适的鞋子。在黎塞留(我们后面会谈到),奥尔登创作出了鹿皮的莫卡辛,其中两双是为了交付订单,这两双的鞋带(鞋带打结后剩余的部分)和皮鞋一样长。这种鞋很快大获成功,并在以后也供不应求。

古驰罗浮鞋　　　　　　　流苏罗浮鞋

牛津鞋

这是都市皮鞋的款式目录里最为重要的一款封闭式襟片系带鞋,在法国又被叫做"牛津鞋"。它是一款低帮鞋,但请不要和德比鞋混为一谈。虽然它们的外形相似,但是鞋带位置的细节处理却不相同。

在牛津鞋上,穿鞋带的孔是打在鞋帮上的(我们称之为"鞋面"),但是德比鞋的鞋带孔是在一块后缝进来的皮子上的。更简单地说,看一下鞋带下面的鞋舌部分:牛津鞋的鞋舌是后加进来的,而德比鞋的鞋舌是鞋身前段完整的一部分。

小结

牛津鞋是非常正式的款式。安托万可以在此基础上丰富他的衣柜。搭配西服套装的话,牛津鞋是不得不考虑的单品。它在皮鞋的分级里,处于顶峰。

● 牛津牛津鞋

最为经典的款式就是那些拼贴的款式。鞋的最前端有尖顶的拱高。有的牛津鞋没有缝制拱高,又被叫做"一刀切"。

拼贴牛津鞋

"一刀切"牛津鞋,用的是一整块皮子

● 布洛克牛津鞋

(请注意,"布洛克"这个词是过去的法语名称。)这种鞋有几种变形:四分之一布洛克、二分之一布洛克、全布洛克和空翼型布洛克。

布洛克不同于牛津鞋,它的皮革表面有很多装饰的小孔——这就是人们说的"雕花"(比如说,一双镂空雕花的鞋)。从历史的角度来说,这些小孔来自苏格兰高地人在穿高筒袜子时搭配的鞋子。他们穿过沼泽和湖泊,鞋上的小孔可以方便鞋里的水流出。现在布洛克鞋已经不具备其起源时所追求的功能,小孔只是一种花哨罢了。

——四分之一布洛克只有少量的几个小孔,装饰在选定的位置上,比如在鞋的前段拱形边缘。

——二分之一布洛克在鞋面的前部有一些程式化的图案,这是一个经典的款式。

——全布洛克的鞋面有大量的各种形式的钻孔,而且它们是缝上去的。

如果还有一种形式,钻孔环绕着鞋并在鞋面前段交汇,我们将会谈到空翼型布洛克。

那么,怎样搭配?

对于安托万来说,最理想的是用一双黑色的牛津鞋来搭配西装!如果不是黑色的而是棕色的牛津鞋的话,那么就适合在那些不太正式的或者休闲的场合穿。

那么,怎样搭配?

为了使搭配多样化,安托万应该买一双布洛克牛津鞋,比如棕色的小牛皮磨砂版。这种鞋可以搭配不止一套西服套装(详见书中西服套装的章节)或者也可以和比较休闲的衣着相搭配。

鞋舌边缘布满了锯齿形孔洞的全布洛克空翼型牛津鞋是高尔夫球手们的最佳装备。如果全布洛克牛津鞋由两个颜色或者两种皮质构成,那么它就是"旁观者鞋"。还有最后一种牛津鞋,雕花或者不雕花的都可以,但是只要有一道沿着水平线的切割,这样的鞋就叫做"巴尔莫鞋"。

一般来说,所有的牛津鞋都是圆头的,这是英式的经典款。但是,受到时尚设计的影响,原来的款式也有收窄或者缩减的趋势。喜欢什么样的风格,由您自己选择!

牛津布洛克的前身:苏格兰翻口布洛克

布洛克式牛津鞋的种类:四分之一布洛克(❶),二分之一布洛克(❷)全布洛克(❸)(空翼型,箭头指示部分)

比较花哨的布洛克式牛津鞋:有很多细节的高尔夫牛津鞋(❹)(箭头指示部分),被叫做"旁观者鞋"的双色的牛津鞋(❺)和最后的款式"巴尔莫鞋"(❻),鞋身有两部分皮料组成,衔接处是水平缝制。(箭头指示的部分)

德比鞋

就如同我们前边在牛津鞋的章节里已经提到的那样,德比鞋不应该和牛津鞋混淆。这是一个在风格上产生了巨大影响的技术问题。

德比鞋型的固定过程要追溯到十九世纪五十年代。一直以来的传统是人们在乡村休闲场合和运动场合比较接受德比鞋,它的款式也比较多样。高帮德比鞋毫无疑问是这种鞋的演变,而演变从未停止。因此,标志性的款式也变得很难形容!

● 经典款式

作为圆头的款式,柏哈布德比是经典之一,该品牌的产品生产和销售情况一直不错。这款鞋是一个标准的款式,鞋的前部平坦,缝线也在前部。它特别结实耐用,很适合在乡下穿,或者搭配打猎的衣着也是不错的。

在这个庞大的目录里,有两种款式至今仍然与众不同。

——马鞍德比是美国斯伯丁公司的一项发明,这家公司现在仍然存在并生产体育用品。历史重回到二十世纪初,当时的想法是为了给运动员提供一双能够很好地保护脚踝的鞋(在鞋的开口处放置楔子)。它非常适合运动的人,比如网球选手。那个时代,人造的材料是没有的,制作技术上只能通过夹紧鞋带的部分作为增强保护的手段。通常这种鞋都是两种颜色的,后来成为高尔夫球选手的经典选择,但是这是美式风格的,在二十世纪三十至六十年代风靡一时。

布洛克的回归

就外形特点而言,德比鞋通常被放置在和布洛克相同的一个目录大类里。因此,我们提到的布洛克构成了牛津鞋的基础,除非您在"德比"之前加入说明。结果就有了布洛克德比,根据镂空雕花的多少,又分为二分之一布洛克德比或者全布洛克德比。很简单,不是吗?全布洛克德比,举个例子来说,几乎可以适合所有的休闲场合,特别是乡下地区。

——鹿皮德比,是第二种很时尚的款式,它有很随意的一面。这双鞋的灵感来自过去战争时期的军队。在传统上,它是由鹿皮制成的,但是现在基本上是用磨砂牛皮了。

那么,怎样搭配?

如果您打算在城市里穿德比,最好选择那些比较注重细节的款式。安托万试图选择黑色的德比。这样,可以用来搭配西服套装。这可能违反了传统的搭配原则,但是现在就是有这种穿法。唯一遗憾的是,这样搭配出来的效果很少有漂亮的……

托盘德比,特别具有乡村风

全布洛克式德比

马鞍德比

鹿皮德比

应该是温莎公爵促进了鹿皮德比的普及,特别是在美国的普及,在那儿它们代表了一种经典的学院风格。这种鞋的最大的特点就是有比较厚的、线条完美流畅的砖红色树胶鞋底。至于鞋身,通常是米白色的,也因此鞋子特别容易脏。现在,最新的一个系列展示了天空蓝和深蓝色的鹿皮德比。鹿皮德比可能是最简单的、毫无虚饰的德比,而不像全布洛克德比那么花哨。安托万应该买一双这样的鞋!

● 当代款式

德比绝对可以称得上是当代的款式! 大多数法国和意大利的制鞋商们试图推荐新版的皮鞋。在法国,有一个今天已经消失了的品牌——UNIC,它很早就做出了榜样。这款两孔洞德比比较圆,Thonon 这款一直是畅销款。在巴黎,大型制鞋商 Corthay 在 1990—2000 年间也是得益于同系列的 Arca 德比才为人所知,但是它有一条风格特殊的线。

最后,请了解一件事:在鞋类市场上充斥着黑货德比,这些廉价的产品大部分在中国。但是令人不可思议的是,这些款式却成了标准款,也许与牛津鞋相对比,这款鞋看起来更具有资产阶级的形象。

UNIC 品牌的都市德比鞋　　　　Corthay 品牌的现代德比鞋

靴子

作为德比的一个衍生品种,靴子可以完美地胜任任何一个休闲的场合,特别是在周末。鞋的高帮部分可以将脚部更好地保护起来,但是这样穿起来也有些困难。

● 高帮皮马靴

在对多年来休闲穿着的统计来看,这种鞋子一直是一款畅销品。这是一款带有两对或者三对鞋带孔的高帮靴子。它的鞋底也是皮的,从结构上来讲是和鞋连在一起的,看起来很好看。还有个橡胶鞋底的款式,Clarks 的靴子就是这样。这种款式的靴子,安托万可以搭配牛仔裤和粗呢外套!

● 切尔西靴

这种靴子在每一位先生、每一位女士的鞋柜里都有,但它却是马术运动的配置!这就是一双赛马场上的鞋:因为它的款式太具有运动风格了。这款没有鞋带的闭口靴子,在侧边搭配有弹力的松紧带。因此,脚部被很好地包住却不觉得紧,鞋口舒适而安全,不用担心鞋会因为掉下来而遗失!

怎样搭配?

高帮皮马靴最适合周末了,搭配米色的奇诺裤,外加一件衬衫或者是马球衫。

高帮皮马靴

切尔西靴

怎样塔配?

　　因为看过了很多专家博客里的图片,安托万逐渐改变了想法。什么应该和西服套装搭配,什么应该和休闲装搭配(比如牛仔裤)。搭配得好坏差异还是明显存在的!

搭扣鞋

　　在英语中,孟克鞋来自那个人们都去教堂的时代,在那时候,僧侣们穿的鞋子就带有巨大的金属扣。于是,这个词就保留了下来。

　　搭扣鞋有很多种款式。它和牛津鞋一样舒适,也可能一样优雅。诚然,搭扣鞋没有牛津鞋那么正式,但是它适合在绝大多数的场合穿。

　　如今,双搭扣款式是一个经典的时尚款式,特别受到意大利人的欢迎。这款鞋使脚背有一点高,但是看起来也还挺高贵的。

搭扣皮鞋

现代款式

在法语里,"运动鞋"这个单词被拿来使用,但是它涵盖了不同型号、不同款式的一系列鞋子,我们缺乏对这个词的明确定义。幸运的是,央格鲁一撒克逊人做了细分!

我们能够把运动鞋分成三大类:第一种是老款衍生出来的款式,它们源自运动鞋但过去又能在都市里穿,比如匡威;第二种运动(称为"跑步鞋")和步行的时候穿的鞋子,这其中耐克已经成为专业生产商;最后一种是麻底帆布鞋和鹿皮莫卡辛。

胶底帆布运动鞋

它的起源是对皮鞋的革命,在 1839 年美国人查尔斯·固特异发现了橡胶的硫化(硬化)规律,这直接给运动鞋行业带了巨大的繁荣。"胶底帆布鞋"这个术语可以追溯到 1890 年,最初是为网球鞋设计的。但是它的功能也没有完全明确。

最早期的休闲鞋正是起源于运动。是美国的斯伯丁公司,在二十世纪初期的时候,第一个为了棒球运动开发了一些款式的运动鞋。可以更进一步证明的是,匡威公司在 1916 年开发出一套标准——这个标准目前仍在使用——匡威的全明星系列鞋。高帮鞋,就是专门为篮球运动做的鞋。

低帮的鞋源自海军。保罗·佩里斯 Paul Sperry,是一个美

怎样搭配?

有些特别简单的款式很适合在周末的时候搭配奇诺裤,这种穿法安托万是不会忘记的。

变化

还有一些有点儿重的低帮鞋是专门为滑雪板项目准备的,这种鞋被一些品牌比如 DC 鞋业、Globe 或者 Vans 发展起来。在这个目录大类里,我们可以注意一下高帮胶底帆布运动鞋,作为兰文的标志款式,在罗伯特·泽米吉斯的《回到未来》第二季里特别流行。这款鞋是目前能够和牛仔裤完美搭配的鞋型之一。

国的帆船爱好者,他试图找到一种在帆船甲板上不打滑的方法。于是他开发了一种橡胶底的小甲板鞋。鞋原本用的是皮面,后来很快被帆布代替,这款鞋的巧妙之处有两点:鞋底是橡胶的并有人字纹,通过胶粘的方式将鞋底粘到杯子上。如果之前这项发明还只是局限在好玩儿的阶段,那么到了1939年美国海军开始了大规模的定制。在被美国橡胶公司收购以后,这款鞋蓬勃发展,已经在全球范围内流行!

如今,橡胶帆布鞋的市场被分割细化。虽然这种鞋源自运动,但现在已经向着日常鞋来发展。因此,低帮帆布鞋在都市里十分普遍,比如匡威、Veja,彪马,等等。

跑步鞋

慢跑鞋,比低帮帆布鞋更耐磨,日本和美国争相认为自己是它的起源国家。它诞生于上个世纪六十年代,但它的全球爆炸式销售是却是在八十年代初。以美国的耐克公司为例,它在二十世纪六十年代中期成立,从七十年代中期开始效益显著增长。

这些鞋都有强大的技术支持。它们是由多种不同质量的织物拼装而成的(吸汗的、耐撕扯的等等),实际上涉及到大量的不同的技术。在法国,我们称之为"运动鞋"或者"跑鞋"。这些鞋子专门为比赛和特殊运动定制(比如足球,有它自己的更为细化的款式)。然而,长时间穿这种鞋对脊柱是不好的,因为鞋的柔性结构降低了支持,有可能造成骨骼的不适。另外,这些不是优雅的正装鞋,和胶底帆布鞋还是有所不同的。

一些跨国公司,比如耐克、阿迪达斯或者锐步,瓜分了市场。

怎样搭配?

为参加运动保留一些这种款式的鞋子,总是好的。

麻底帆布鞋和鹿皮莫卡辛

　　麻底帆布鞋是夏日海边的经典款。它比人字拖好多了,人字拖有可能导致肌腱炎而且还会把脚弄得特别脏,特别是当人们走在柏油路上的时候。麻底帆布鞋,因为有它的麻绳的鞋底和棉质的帆布鞋面,所以可以有众多颜色和图案的选择。如今,那些比利牛斯地区出产的麻底帆布鞋变得越来越罕见。它们的主要缺点是,鞋子只能穿一季,因而成了大量废品的来源,特别是麻质的鞋底要浸渍橡胶,所以无法进行生物降解。

　　鹿皮莫卡辛是一款休闲鞋。它几乎完全由磨砂皮制成,特别适合夏季光着脚的时候穿着。它的塑料支架被直接注入到薄的鞋底里,当人们穿鞋的时候,能够感觉到这些支架的横条。但是这也是一种休闲的方式。托德斯(Tod's)保留了这些,除此之外也推荐一些小店,比如 Bobbies 或者是 Serafini。不用在这款鞋上花太多钱,它一般都穿不过两季!

最初的平底帆布鞋　　　　　　　胶底帆布鞋

鹿皮莫卡辛

颜色

黑色皮鞋几乎是指定在都市穿着的,在任何一个正式的场合都行。按照传统习惯,如果是穿灰色或者深蓝色的西服套装,一定会搭配黑色的皮鞋。受意大利风格的影响,有时候也用棕色的皮鞋搭配西服套装,为什么不呢? 但是,请别在您的婚礼上这样穿,否则就一样了!

黑色皮鞋适合所有的重大时刻,棕色皮鞋的好处在于可以搭配休闲的穿着。按照英国人的观点,所有款式的鞋都可以有棕色的休闲款,但是只有牛津鞋必须是黑色的(军用德比除外,不能是黑色的,悖论呀!)

至于棕色的,也存在着各种不同,从深一些的棕色到浅一些的棕色——板栗色、鹈鸰色、焦糖色……同样也存在着偏红一些的棕色,红褐色,偏紫红的颜色。很多鞋通常用科尔多瓦皮,来自科尔多瓦赛马的一种韧性和耐磨性很好的皮料,比如美国的经典皮牌爱尔登(ALDEN)。

为什么在都市里穿黑色皮鞋?

出于传统的文化习惯,一直都是在都市里穿黑色的皮鞋。黑皮鞋可以和西服套装搭配,或者当我们往更久远追溯的时候,黑皮鞋还可以和夹克搭配。棕色的皮鞋适合搭配乡村风或者运动风的衣着。

做旧

您可以在一些专门店里给您的鞋子做旧。这种处理可以让您的鞋子看起来很有资历,或者可以美化它们,或者可以加入一些爆炸性的元素。同样,我们也可以给鞋面加入黑色来遮盖表面的脏处,或者做冰冻处理让鞋子看起来更闪亮。最后,用刷子或者溶胶处理一下,一些喷漆可以有古木的效果或者是印象派画作的效果。像伯尔鲁帝家一直都是做旧的专家。

生产的秘密

材料

对于都市里的皮鞋而言,可以用的材质有多种,根据质量可以分成以下几种:

——最低端的用的是猪皮;

——中低档的用的是小牛皮或者是碎的小牛皮,也就是说,粉碎是为了掩盖瑕疵或者增加厚度;

——最好的皮鞋用的是整张牛皮,也就是说面对的是一整块,无需拼贴修改。牛皮比其他材质更为细腻更有柔性,这就是为什么它总是用来做高端皮鞋的原因。漂亮的牛皮原料越来越贵了,因为得来不易,要有好的牛作为基础,还要有制革厂的柔化处理。法国 Puy 的制革厂总是大受欢迎,但是,遗憾的是,由于亚洲奢侈品的需求量大,市场发展蓬勃,其产品价格也是一路飞涨。

平滑的黑色皮料,平滑的棕色皮料,颗粒皮面和磨砂牛皮

有时候,皮革被送回厂里做成不光滑的磨砂面。我们称之为麂皮,真正的麂皮(动物的)因为被保护而不能被用来做鞋。磨砂皮实际上是一种被抛了光的皮革,已成为经典。它的表面颗粒很细,比实际的麂皮要薄。还有些奇异外观的皮革也可以被使用,比如蜥蜴皮、蛇皮或者鲨鱼皮(鱼皮)。我们还要注意的是鞋的一些部件偶尔也是用斜纹软泥、亚麻帆布,或者棉质布匹来实现的。

皮料可以有光滑的或者粗糙颗粒感的表面,这就是纹理,人工的或者天然的都有。皮革的颜色可以通过胶画颜料或者喷涂来实现。

安装组合的技术

鞋底和鞋面（鞋的主体鞋身部分）的组合缝制是一门艺术！也是一段技术的发展历史。

最普遍被认可的都市皮鞋的组合技术是来自固特异的，但是它的价值不菲——至少一双要 130 欧元。这可以让一个经验丰富的鞋匠给一双用了 10 多年的鞋重新做一副鞋底。

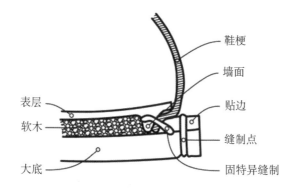

布雷克的安装比固特异的简单。看起来也不太美观，但是考虑到风格和成本方面，它的存在也有合理性。

挪威风格的组装是唯一的名副其实的完美，但是它太质朴了。柏哈布（Paraboot）仍然沿用此法。

最后，一起逃离粘的鞋底。诚然，化工产业都在进步，但是粘的鞋底总是会开胶的！

建议及保养

怎样选择鞋子

　　在法国,考虑到英尺的长度和换算的系数,男士的皮鞋列出了一个相当复杂的规则。这涉及到从 38 码到 51 码的鞋。有一个表格,可以让我们找到与英式尺码从 5 码到 14 码相对应的大小,在这个领域,这个表格太有用了。因为它很准确也很详细。一些英国店铺比如 Crockett & Jones 或者 Edward Green,建议给某些长度的尺码增加宽度的说明。这听起来合乎逻辑,因为每个人的脚的宽度各不相同! 这个标准用字母来标注,比如 48E 或者 48G(更宽一些的)。

　　要在脚部比较舒缓的时候买鞋,不要选择过大或者过小的鞋子。上午和晚上都不是理想的买鞋时间,因为脚部过凉或者肿胀都不合适。

　　系鞋带的鞋要选择不太紧的,舒适为好,这种鞋脚部晃动的空间少。相反,莫卡辛鞋要选择紧一些的,因为它越穿越松,没有比把鞋子甩出脚外更糟糕的了。

　　在一般的情况下,应该避免买一双太大的皮鞋。当然,在买鞋的时候您选择大码的鞋子脚部会立刻得到放松,您会感到很舒服。但是一双鞋是要穿好几个月的,鞋子也会越来越松。如果在买的时候就很大,那么很多时候您就会飘在其中,在不知不觉中,这会让您感到疲劳! 因此,买鞋应该尽量与脚的尺码相符,否则就要受几个星期的苦了!

保养

　　为了维护和保养一双固特异或者是布雷克缝制的好皮鞋,是应该在买鞋的时候就做出相应的预算的。在穿几次之后(几周或者一个月),就应该去粘鞋底(下图中的点 G 部分)。这部分被粘在鞋底的前部(点 A)。粘的鞋底可以是合成材料的,或者是更为讲究的橡胶底。如果您的鞋子不是太贵的话,可以用比如 TOPY 品牌的鞋底。

　　为了避免在您磕绊到一个障碍物的时候鞋底和皮衬条翻起分开,建议您最好加做鞋底的时候在鞋的前部嵌入一小块铁片(如图点 F)。如果您不是在一个缝制的鞋底(固特异或者是布雷克)上加,那么就会有缝制点松弛鞋子开胶的风险!

为了走得更远……

您可以自娱自乐地给您的皮鞋上光。这是一项长期而细致的工作,但是很有乐趣。这个工作特别针对于深色的皮鞋,比如黑色的或者是棕色的。拿一块软布,沾一点儿和鞋的颜色匹配的鞋油,当然也可以用不同颜色的鞋油如果您想得到不同的效果的话。然后将蘸了鞋油的软布蘸一点儿水,通过划小圈的方式从鞋尖部位开始抛光。要注意随时重新蘸湿软布。当蜡被乳化之后,光泽就会出现,一次抛光可以持续六个月到一年!

粘鞋底应该每两年更换一次,同时脚后跟和脚后跟的橡胶部分(点 B),也该依据实际的使用情况酌情更换。

一般情况下,我们不会将一双皮鞋连续穿两天。为了保持干燥,鞋子的皮面也需要休整。因此,最好是备有几双鞋,理想的情况是一周的工作日里准备至少四双,还要为周末准备一双运动鞋。需要注意的是,帆布和橡胶的运动鞋在穿过之后也是需要休息的。另外,在让鞋子空置的时候,为了避免鞋梗塌陷和鞋面褶皱,一定要放置一个鞋楦。如果您的鞋子不太贵,那么带有弹性的鞋楦是比较便宜而且实用的。它们的缺点是不能让鞋的后部也挺实。如果是木质的鞋楦,价格更贵一些,但是完美,它可以完全按照鞋的大小来支撑。

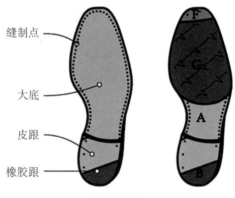

缝制点
大底
皮跟
橡胶跟

鞋底的制作

另外,棕色的皮革是比较难保养的。定期擦拭和除尘是最有效的方法。为了滋润皮革并使它保有光泽,请用软布给皮鞋打油。至于打蜡,请谨慎使用,因为这样会使皮鞋变干,打蜡是为了使皮鞋重现光泽,可以偶尔使用。不要用超市买的鞋蜡,因为含有硅,最好选择有蜂蜡的质量上乘的产品——Saphir 这个牌子就不错。

一些有用的地址

Aubercy
巴黎地区的大型皮靴店之一
网址：www. aubercy. com

Bowen
制作精良的英国皮鞋
网址：www. bowen. fr

Caulaincourt
一家有活力的年轻的法国店铺
网址：www. caulaincourt—paris. fr

Carmina
一家被埋没的店
网址：www. carminashoemaker. com

Crockett & Jones
英国的性价比很好的牌子
地址：14，rue Chauveau-Lagarde，
75008 Paris
法国的其他店址请访问
网址：www. crockettandjones. com

Gaziano & Gurling
饱受赞扬的一家年轻的英国店铺
Chez Made to order
网址：www. madetoorderparis. com

John Loob
英国杰作，一家如爱马仕般的
店铺
网址：www. johnlobb. com

Loding
价格实惠的法国鞋店
35，rue de l'Opéra － 75008 Paris
网址：www. loding. fr

Marc Guyot
重要的二十世纪三十年代风格的
收藏
8，rue Pasquier － 75008 Pa ris
网址：www. marcguyot. com

Meermin
一家风格高雅的西班牙店铺
网址：http://meermin. es/

Paraboot
持久的经典款
www. paraboot. com

The Suit Supply
因其西装而闻名，但是鞋子也做
得不错
网址：www. suitsupply. com

Weston
具有现代气息的法国传统品牌
网址：www. jmweston. com

内　衣

　　关于内衣的问题,安托万没打算改变他的习惯。不过最近十几年,T恤衫变得越来越重要。安托万从青少年时期就穿的T恤衫,还能做什么呢?

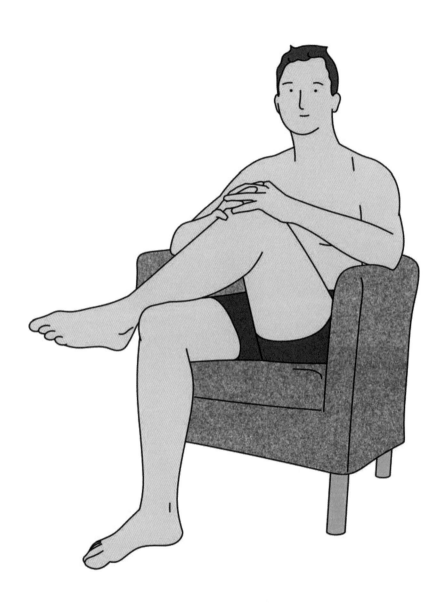

关于内衣的简单介绍

　　是穿三角短裤还是平角衬裤？当我们去裁缝店做裤子的时候，总会被问到这样一个经典的问题。显然，这是一个很重要的细节，因为的确会有不同。除此之外还有棉质的比较贴身的内衣上衣，其功能主要是为了保暖和舒适，在此基础上产生了 T 恤衫，这是央格鲁—撒克逊人的叫法，后来发展成如今几乎是唯一的在外套里边穿的打底衣。

　　围绕着 T 恤衫的讨论和疑问也因此日益增多：它应该怎么穿？什么时候穿？它能不能和外套一起搭配？毫无疑问，我们处在一个转折的时代，面临的很多问题都没有绝对的答案。设计师们在每一季的设计中都试图向这些问题的答案靠拢，因为他们的作品确实都代表了二十一世纪的服饰！但是，在我们的工作中仍然很难为 T 恤衫找到一个适合的位置，更多的是经典风格的衣着。通过对这些历史的了解，我们会尽量勾勒出问题的答案……

三角内裤和衬裤

词源

"三角内裤"这个词源自英语的"slip"，原意是"滑动"的意思，跟平角衬裤比较起来，它更紧贴裤子。并且，三角内裤不会造成不适感。在舒适性方面，这是一个伟大的发现。很显然，如今很多男士穿平角内裤或者短裤，因为在它们在形式上和平角衬裤相似。如果平角内裤是用柔滑的材料做成的话，就不会体现出和长裤太粘合的缺点的。

一小段历史

三角内裤是在二十世纪初 1900 年左右在西方被发明出来的，最早是被运动员穿出来代替平角衬裤的。因为平角衬裤长，短裤较短，这样是没有办法把平角衬裤穿在短裤里的！赛跑运动员和网球运动员们开始将平角衬裤的裤管剪短，然后他们为了让裤子不掉下来而加入了一条松紧带。三角内裤的想法由此诞生了。

接下来，三角内裤在二十世纪四十年代普及。

前插口的三角内裤的发明仍然相当神秘，它的小口袋比其他东西要更有支撑。诚然，在十六世纪，男裤前边的突出的开口（门襟）也可以作为一个放置小票的口袋，但是今天，这个功能就显得很奇怪。我们应该问问《艳阳假期》里的人物蒂埃里·莱尔米特。

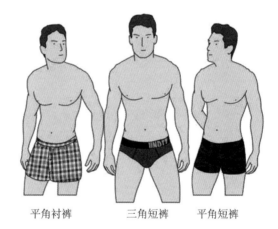

平角衬裤　　　　三角短裤　　　平角短裤

私密性

关于私密内衣，在刚刚过去的三十多年里有了一点点发展，特别是在形式上。但说到材质，则是另一回事儿。棉质的三角内裤仍然是不可摧毁的经典，但是莱卡的平角内裤逐渐占了上风。请注意，这种纤维是氨纶纤维的商业名称，是在二十世纪五十年代由美国的杜邦公司开发出来的。

三角内裤的发展改变了裁缝们的习惯。穿平角衬裤时,生殖器一定会偏向一边或另一边,也正是如此,裁缝才会问他的客人关于他个人解剖学上的问题。与此不同的是,三角内裤和平角内裤把生殖器抱在中间,这就引起了关于裤子的设计概念的修正和变化,对称的裁剪方式也在成衣业发展起来!

T恤作为内衣

一小段历史

T恤衫的名字来自它本身类似于 T 的形状。它和针织紧身衣有关,是一种由特殊的织法编织的具有弹性的衣服,为了这个特殊的形状而缝合在一起。通常是棉质的,但是除此之外的很多面料都可以做成 T 恤衫。

T恤衫和衬衫一样经历了同样的发展道路。上装逐渐消失,让位于短外套。马夹逐渐消失露出了衬衫。我们还能有趣地看到原来穿在衬衫里边的 T 恤衫现在也可以单穿了,服装的变化总是在实践同一个的剥离原理。

最初 T 恤衫的上半身躯干部分装有钮扣,它是套衣(法语词汇)的一部分:一件贴身上衣可以和一条内裤或者很长的平角衬裤一起穿。后来套衣通过在水手之间的流行而传到了军队,水手们直接把套服穿在水兵衫里。美军最早引进了这种衣服——没有钮扣——它是美军陆战队队员打包的常规装备。从第一次世界大战的时候开始,套衣就一直作为整体内衣穿在衣服里,如今这种套衣仍然有人穿,特别是在摩门教。

款式

T恤衫的第一要义是作为汗衫的,它有以下几种款式:

——最为著名的是无领无袖的套头衫,它也有些历史。在法国,套头衫也被叫做"Marcel",这个名字来自销售套头衫的一个公司。套头衫使工人们的胳膊便于通风,并从各种活动不适中解脱出来,但胸部仍然能受到很好的保护不受风吹。在美国,套头衫又被称作是"运动衫",因为它是通过那些运动员得到了普及。

　　套头衫通常是被穿在衬衫里面的,但它也可以单独穿着。比如在二十世纪五十年代,套头衫是工人们的标志。如今,这样的想法不多见了。

　　——T恤衫的经典款式是短袖的,我们叫做"汗衫"或者"皮肤T恤",并可以追溯到第一次世界大战时期。美国的士兵们到法国来打仗,发现法国士兵穿的棉质贴身的针织衫,远比他们自己的羊毛质地的衣服更舒服。这款贴身的衣服很快在美军成为必需品,并在二战的时候又被带回到法国战场。

　　白色的套头衫和皮肤T恤,对于男士来说是一个经典的标志,唯一要做的就是套头衫外要穿一件不透明的衬衫,因为没有什么比透过衬衫看到里边的T恤更加难看和不雅的了。但是,对于美国人来说,敞怀的衬衫里边穿一件圆领的T恤才是经典的搭配,这也成了一个文化标记。

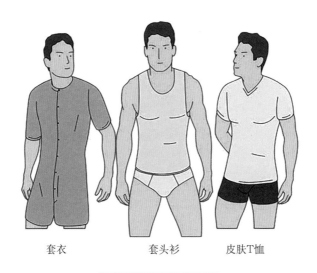

套衣　　　　　套头衫　　　　皮肤T恤

一个经济问题

　　衣服都是会被弄脏的,穿T恤衫可以减少对衬衫的损耗。因为,我们要用肥皂洗衣,用各种除味剂去掉腋下发黄的渍迹。衬衫的维护和保养是一个特别精细的过程,但是T恤却可以用水高温洗涤。

作为穿在外套里面的 T 恤

如今,如果不是一定要穿衬衫和外套的话,T 恤衫还是很具有优势地位的。可以说,T 恤有它的拥趸者和诋毁者。有些人钟爱衬衫,另一些人大爱 T 恤。这是个人的喜好和习惯的问题,有时候也跟社会环境有关。

一小段历史

美国早就普及了 T 恤。特别是在参加运动的时候,T 恤又有了一种新的穿法,就是穿在外套里边,是可以看见的。好莱坞的电影产业承担了传播新的时尚文化的重任,到如今这也是最持久的文化传播之一。请让我们记住《欲望号街车》里的马龙·白兰度……

但是在二十世纪四十年代,T 恤开始作为一件衣服可以单穿的时候,它仍然是白色的,全白的。直到二十世纪五十年代,才看到第一批有图案的 T 恤。在那个时代,总部在迈阿密的tropix togs 公司,为了推动佛罗里达的旅游产业和推广迪斯尼品牌,成功获得了把迪斯尼公司的米奇和米妮等卡通人物图像印制在 T 恤上的代理权。由此,第一批具有广告性质的 T 恤诞生了。在二十世纪六十年代,摇滚爱好者们把音乐专辑的封面印制在 T 恤上,后来在七十年代,T 恤开始成为政治讽刺和其他漫画符号的载体。

在 1984 年,仍然是在迈阿密,发生了一场革命:以电视剧《迈阿密风云》为标志,T 恤被穿在夹克里。剧中的人物桑尼·克罗克特(由唐·约翰逊饰)把他的 T 恤穿在白色夹克里,挽起袖口,赤脚穿着一双莫卡辛。这个富有冲击力的文化形象一直持续到今天!

可以说,T 恤跟西装领带无关。穿在夹克里,呈现出来一个比较矛盾的感觉,就像两个互相矛盾的东西组合在一起。不得不承认这是一种变换衣服用途的方式……

---

① 译者注,Steve McQueen(1930.03.24—1980.11.07)好莱坞影星。

怎样搭配?

T 恤,和衣柜里的其他的基本款一样,穿衣搭配也有它自己的规则,尽管它们的规则相对并不多。T 恤富有运动风格,最好搭配短款的、差不多齐腰的轰炸机夹克。同样地,最好再搭配一条奇诺裤(棉质裤子)或者一条牛仔裤,而不是与羊毛质地的裤子搭配。还记得史蒂夫·麦奎因①吧,十几年前就知道如何用这套装扮增加个人魅力啦。

带有图案、标志的 T 恤

款式

主要的款式就是长袖的或者短袖的这两种 T 恤。

但是,也存在另外一种款式,就是四分之三插肩袖式的。这种 T 恤实际上是那些美国棒球选手们的衣服。插肩式的剪裁,一向是很舒服的,而且还可以让色彩鲜明独特,四分之三袖能更好地遮挡紫外线照射的区域。这个补充的部分,通常和衣服是两种颜色的,有时候甚至是两种材质的(皮革和针织),领子一般都是平滑的圆领。

除了白色之外,皮肤 T 恤也有彩色的。衣服上经常有些标志,而这些标志成为了在流行文化中的标识。印刷系统的发展,使极具个人风格的定制成为可能,特别是通过一些网站,比如 www. redbubble. com,让大家可做自己的服装。

那些标志,可以出现在衣服的背面或者正面,印刷的可以是一个体育俱乐部、一所大学、一个粉丝团队或者一个销售社团的标志——衣服可以是带帽或者不戴帽的针织衫。用比较厚棉的莫列顿双面起绒呢制成的衣物,也可以这样印制标志。

一些有用的地址

American Apparel

洛杉矶市中心生产的唯一的 T 恤

地址：31，place du Marché-Saint-Honoré – 75001 Paris

法国其他地址请访问. 网址：www. americanapparel. net

Arthur

法国内衣.

地址：46，rue du Commerce – 75015 Paris

其他地址请访问. 网址：www. boutique-arthur. com/fr

Eminence

经典

网址：www. eminence. fr

Hom

质量上乘的现代风格内衣

网址：www. hom. com

Kitsuné

声誉很好的一家年轻的法国店铺，尤以 T 恤出名

地址：52，rue de Richelieu – 75001 Paris

其他地址请访问网址：http://kitsune. fr

Le Slip français

一家小的手工创制店

网址：www. lesplipfrancais. fr

Redbubble. com

可以在线进行个人定制的 T 恤

网址：www. redbubble. com

Undiz

色彩丰富的产品

网址：www. undiz. com

配　饰

　　安托万很清楚，配饰可以在最大程度上体现个人关于穿衣风格的想法。从最为简约的到最为复杂的，从财大气粗的到保守谨慎的，配饰是穿戴搭配的灵魂。它们同样也是一种个人化的表达。

关于配饰的简单介绍

西服套装不允许有太多的花哨,而且通常穿着西装也是为了要尽可能贴近工作的团队环境。对于男士来说,在职业环境下为了塑造尽可能严谨的形象,那么穿西装是最为经典和有效的一种方式。但是,您也有权表达自己的个性! 除了书中提到的一些规则之外,应该学一些简单的对您来说有效的方法,这些都是有点儿微妙的可以使您与他人不同的小技巧。但是请注意,要避免视觉上的挑衅效果! 与此相反,温文尔雅的绅士魅力才是真正需要凸显出来的。

可以说,配饰不仅仅具有审美效果,它们也具有上述功能。因此,对于它们的选择需要一丝不苟、精细入微,做精心的挑选才能与衣着很好地搭配。这包括了搭配双方或多方之间的相互妥协,意大利语"sprezzatura"很好地阐述了这种关系:您的穿戴不应该给人一种过度讲究、钻研的印象——您想要达到的效果——应该是在优雅讲究中不经意地轻松达到某种效果。

配饰数量庞大,品种众多。有些是我们每天都要穿戴的,比如袜子、皮带;有些是在特定季节使用的,比如冬天的雨伞或手套,夏天的太阳镜。还有些,如袖扣,很幸运现在又在流行了,还有背带和领带夹。

下面给您在选择和使用配饰时的一些建议和技巧。

袖扣

袖扣是男士可以佩戴的少数没有炫耀之嫌的珠宝之一,最近它又重回时尚圈,其实它从来就没有被绅士们遗忘。这个使衬衫袖子封闭的小物件儿带着优雅出现在手腕的部位。

有三种主要的衬衫类型是必须要佩戴袖扣的:

——混合袖口(箭牌这样的品牌,就是个经典)

——钮扣袖口(源自单式袖口)

——法式袖口(翻袖口),源自法国,但是由英国人制度化,袖口有上翻的褶皱(因此需要四个扣眼),袖口比较厚,并下垂到手腕。

不同类型的袖扣

下面就来介绍一下不同类型的袖扣。

——花边袖扣(图 ⓐ):这是一种用由各种有弹性的线、棉布或者是丝绸编织搭扣成的简单的款式,是刚开始接触袖口的人最实用最方便的款式。它比较保守谨慎又有很多花式和颜色可以选择,这样便于您搭配衣着时它们相互协调,甚至可以与不花哨的袜子搭配……

——有装饰环面的袖扣(图 ⓑ):这是花边袖扣的升级版,但也比花边版要大一些,它比较适合那些身材强壮的男士,或者是搭配比较肥大的法式袖口(比如 Café Coton 这个牌子的衬衫),而法式袖口几乎不和花边袖扣相搭配的。

——枢轴袖扣(图 ⓒ):这几乎是如今袖扣的典范,因为有了枢轴的闭合方式,穿脱都特别方便。它只有一面特别漂亮富于装饰。这种袖扣表面的花样实在是太多了，从简单的可能是搪瓷的，到复杂的可能镶嵌宝石或者物件的微缩，比如小飞机、小的马球棒。插图所示的是经典版，是镀金或者镀银的两个椭圆形金属面。

——链式袖扣(图 **d**)：这是一个很别致的款式。但这个款式的链会很难找到。伊夫·圣·洛朗设计了和白色衬衫相搭配的非常漂亮的袖扣。有三四个环节，看起来十分优雅，也十分抢手。插图所示的版本是两粒被链连起来的珍珠，款式简洁。

——固定的袖扣款式(图 **e**)：这是相当普遍的款式，但是品味也还不错，因为它的体积较小。它不可移动，又要穿过扣眼，所以体积小是十分必要的。扣的两个面不平行，链的角度轻微凹陷。爱马仕有这款袖口的漂亮款式，哈克特①也有。

——弹簧式袖扣(图 **f**)：这种类型有点儿过时，即使有时候人们可以在这儿或者在那儿发现它。这个款式的袖扣太脆弱，连接两个板的地方是靠弹簧固定的，时不时就会折断。

——按压式袖扣(图 **g**)：这款袖扣非常接近弹簧式袖扣，在二战前被广为使用，搭配上过浆的袖口，笔直不走样。但中间的链接不适合过长的或者可以移动的形式。

——铰链式袖扣(图 **h**)：这种款式的袖扣有两个对称的面(这和现代的钮扣不同，比如枢轴钮扣)，它的闭合方式特别实用，而且和翻袖口搭配比较合适。

袖扣的款式并不止于这八个款式，这些是最为常见的。

● **如何佩戴袖扣?**

袖扣可以在任何情况下佩戴。它们不仅仅限于婚礼。无论穿工作服还是休闲装，如果您想每天都佩戴的话，也是可以的。但是有一点，必须穿有袖扣袖口的衬衫。但也请注意，有时候去森林里散步或者去乡下小住，可能不是佩戴袖扣的最好时机。

好办法

要想找到漂亮又不太贵的袖扣，去跳蚤市场是个好主意。周日上午出门小逛，花上二十欧或者更少，就能找到上个世纪三十年代或者是四十年代的漂亮款式，成色还不错的石质或者皮质或者银的袖扣……

---

① 译者注，Hackett Lndon，英国精品服饰知名品牌，由杰里米哈克特和阿什利劳埃德詹宁斯在二十世纪八十年代创立。

腰带和背带

腰带

为了优雅有风度,仅仅买一条好看的裤子和给皮鞋打好蜡还是不够的。这身穿着上还应该加一件男士必不可少的配饰,那就是腰带。

● 皮质腰带

在都市里,腰带是要与经典的长裤和西服套装相搭配的。传统上,腰带的宽度大概在 3 至 3.5 厘米宽,最好的腰带是由全粒面小牛皮制成的,有两个面,靠缝制而不是采用胶粘将其组合在一起。因此,腰带的边缘有接缝。腰带扣应该比较内敛,镀银镀金或者是拉丝钢的都可以,只要看起来谨慎、适度就好。

所谓"运动"的腰带是非常多样化的,它们的一个共同特点就是宽度在 4 至 5 厘米,所以需要和配有足够宽裤带环的裤子搭配,这就不包括那些都市款的裤子而把可搭配的位置让给了牛仔裤。和这种款式相搭配的,那些腰带扣总是特别大。当然,也有美式的腰带扣存在,一大块厚重的金属板掩盖住皮带的闭合装置,这种离我们很近的,LV 或者爱马仕提供的腰带都财大气粗地显示着"LV"或者"H"——他们不是最适合搭配西服套装的,所以请谨慎。相反,在周末和奇诺裤相搭配,这种腰带却是特别合适的。

● 花式腰带

这些腰带是由特别有韧性的棉麻混合物制成,它们完全可以代替皮革。在夏季,它们是特别好的单品,可以搭配百慕大短裤或者是一条奇诺裤,它们有着多种花色,这也是值得称道的一点。

那么,怎样搭配?

尽管搭配的原则总是可以根据个人的喜好发生变化,但您通过选择黑色的或者是棕色的皮质腰带,就可以定位您的穿着是满足工作需要的都市商务风格,还是适应娱乐需要的轻松休闲风格。另外,人们还找到了其他的皮料——蜥蜴或者鳄鱼皮,非常具有异域风情。最后,在休闲的物件表里,还有编织的腰带。

腰带

是不是应该让多种材料保持一致？

实际上，关于配饰的问题，有一个简单的材料和颜色的搭配规则。因此，按照皮革的颜色进行搭配是比较合乎逻辑的：黑色皮带搭配黑色皮鞋，棕色皮带搭配棕色皮鞋。这个规则也适用于金属：镀金的袖扣搭配镀金的皮带扣，也许手表的表壳也应该是镀金的。这个规则很快就会被证实是有必要的，那么由此可能需要买四条腰带，就像如下所示。

皮带环的颜色

没有涉及到其他，我们就只专注于皮革之间的搭配协议，非常地直观。因此，让一条棕色的腰带和一双黑色的皮鞋相搭配的话，不会是一个好的色调，同样对于皮质的公文包的颜色也是如此：当您穿着深色服装搭配黑色皮鞋的时候。尽量避免带一个棕色的公文包这几乎就是一个强制的符合逻辑的规则，但是按照此规则可以提高您的精致度。和平时一样，您个人的喜好对于外表呈现出的优雅起到了很大的作用。

背带

背带是固定长裤的另一种手段，被设置在肩部和髋部。

如果您的裤子不是特别合身，您还可以使用背带把裤子夹住，但是最优雅别致的还是让修改服装的人或者您的裁缝用背带的扣子帮您调整好。背带一般来说需要六粒扣子，间隔 8 厘米成对地缝制。这些扣子也可以缝在腰带的内侧的衬里上，这是英式的处理方法（如图所示）；或者采用美式的处理方法，把扣子缝在腰带的外部。

● 构成

背带的底边部分是皮质的短带，用来固定钮扣、金属扣和连接不同材质的带子。传统的，背带是羊毛毡质地的。如果不采用羊毛毡，也可以是罗缎丝带，彩色的或纯色的或者印有图案的都可以——选择一种颜色只要是和您的穿着能够搭配在一起就行。背带在背部呈"Y"型，皮质，并有一小段是有弹性的，这样可以在穿着的时候确保舒适。

背带的例子

帽子

这是一个逐渐被淘汰了的配饰。但是,偶尔也会有几个款式重回人们的视线。下面介绍几个典型的款式。

都市款的帽子

最出色的就是浅顶软呢男帽(Fedora)①。这是一顶毡帽(羊毛毡或者海狸等动物的皮毛),发明于十九世纪末,在美国禁酒期间得到了普及。这被认定是黑社会老大的帽子,尽管这顶帽子的确切起源已经被人们忘记了。

浅顶软呢男帽大约 11 厘米高,帽子的边缘 6 至 7 厘米宽,因此看上去帽子的顶部有些微微凸起,像印第安纳琼斯。这是在 1940—1970 年的款式,城市里的大多数人都戴这么一顶。

在二十世纪六十年代,还流行一种窄沿儿软毡帽(Trilby)②,是浅顶软呢男帽的兄弟系列,它的边缘只有 4—5 厘米,而且帽子后沿部分可以翻上去。这是斯皮鲁(Spirou)的同伴方塔肖(Fantasio)③的帽子。这两种都市款的帽子或多或少地取代了二十世纪早期的比较正式的洪堡软毡帽(le homburg)④和圆顶礼帽(le melon)⑤,而后者几乎只有英国人戴。没有必要再说高帽子了,因为早已被人遗忘。

浅顶软呢男帽　　　窄沿儿软毡帽　　　洪堡软毡帽

圆顶礼帽　　　猪肉馅饼帽

---

① 译者注,Fedora,浅顶软呢男帽,顶部为前尖后圆的水滴凹陷,帽沿较为宽阔。由于柔软的材质,帽沿和帽顶都能被随意地捏出造型。

② 译者注,窄沿儿软毡帽,是浅顶软呢男帽(Fedora)帽的英国变种款,边缘比其窄,佩戴时后沿常常翻起。窄沿儿软毡帽常被叫做爵士帽,流行于上个世纪六十年代。

③ 译者注,Spirou 和 Fantasio 是比利时漫画《斯皮鲁和方塔肖》中的两个角色。

④ 译者注,洪堡软毡帽,源于 19 世纪的德国民族服装的男士毡帽,和浅顶软呢男帽非常相似。二十世纪初由英王德华七世传入英国,成为银行家、政客等有身份男士热衷的帽款。在黑帮片《教父》中,这种毡帽像制服一样出现,成为了二十世纪四十年代黑帮角色的标准银幕着装。所以它也多了一个名字叫做"教父帽"(godfather hat)。

⑤ 译者注,圆顶礼帽。

在插图中，推荐给您一顶有趣的帽子：猪肉馅饼帽（le pork pie hat）①。这是美国南部爵士音乐家们的最爱，在电视剧《绝命毒师》（*Breaking Bad*）中，角色沃尔特·怀特（Walter White）②戴的就是这个帽子。

夏季的帽子

浅顶软呢男帽的款式也可以划归到夏季的帽子目录里，如果用麦秸做的话，就成了巴拿马帽。尽管它的名字有巴拿马，但是它却来自厄瓜多尔。最珍贵的巴拿马凉帽是产自蒙特科里斯蒂，并且帽子配有一个木质的箱子。这个款式有的时候有一个小岭在帽子的顶部，不完全和浅顶软呢男帽的形状一致。它们很别致，但是经典的巴拿马帽更加普遍。

在夏天，还有船工帽（扁平的狭边草帽），英国叫做"草船帽"（straw boater hat）。在亨利帆船比赛上，没有什么比戴它更适合的了，它现在成了在美国和在英联邦国家的大学里特别受欢迎的款式。这种帽子既可以用作休闲又可以当正式的款式来戴。

● **如何搭配？**

夏天的帽子是完全适合在放松的时候戴的，比如在公园野餐的时候或者在露天咖啡座喝一杯的时候。

巴拿马帽

蒙特科里斯蒂巴拿马帽（可以卷起来）

船工帽

① 译者注，猪肉馅饼帽，Porkpie 帽顶呈凹形、帽缘上翻的硬质毡帽。Porkpie 帽因为形状像猪肉派而得名，帽顶圆且平。

② 译者注，《绝命毒师》美国基本有线频道 AMC 原创的犯罪类电视剧。

鸭舌帽

有三种主要的鸭舌帽形式，但是它们的共同特征是做帽子用的是织造的布料，而不是用毛毡（或者麦秸）。最新的鸭舌帽是用热压技术实现的，以此来成型，而以前的鸭舌帽通常是用多块布料缝制在一起的。

——最简单的鸭舌帽来自乡下。不经过特别繁复的缝制，通常用的是格子图案的粗呢，体现出休闲帽品的本质。

——八片的鸭舌帽是比较复杂的，这个款式的最好的帽子是英国伦敦小手工业者打磨出来的——考克呢帽——时间大概在两次世界大战之间。

美国人再次开发了鸭舌帽，甚至还开发出了很多衍生产品，二十世纪二十年代发明出来的鸭舌帽是僵硬的，是给板球和网球爱好者准备的。这种鸭舌帽至今仍然是世界上最畅销的款式之一。

——鹿皮帽是苏格兰徒步者最宝贵的配饰之一；福尔摩斯也戴过。

● **如何搭配?**

这些鸭舌帽可以在乡村戴，但是也可以在都市戴，只要搭配休闲的穿着就好。

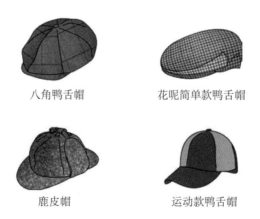

八角鸭舌帽　　　　　花呢简单款鸭舌帽

鹿皮帽　　　　　运动款鸭舌帽

袜子

正确地穿一双袜子,也许是我们自爱最好的标志!但是,要做到这一点也不是一件容易的事情,那么多短袜(到小腿中部的袜子)充斥着商店的柜台,何况还有那些有专门用途的袜子我们还没算在内。我们还是强调的不够,一双漂亮的袜子应该要到膝盖的部位,我们叫做"中筒袜"。它会给人一种永远不用担心袜子提不上来的安慰。这样,无论在什么情况下,都不会看到您的小腿!

● 面料

有些品牌卖漂亮的袜子,但是它们总是有一个成本的,哎,不可能忽略不计的。最漂亮的款式是用苏格兰的线缝制的——其实是丝光棉线(名字是由托马斯·默瑟命名的,他是机械捻拧工艺的发明者)。另外,织袜也可以用单棉或者是复合棉,冬天也可以用羊毛,夏天也可以用丝。

须知
中国每年生产10亿双袜子。棉质的小件用品消耗太快了……因此我们应该买结实的款式,这样才能穿得时间长一些!

袜口部分

小结

针织品制造(以袜子制造为名的)的艺术已经消退,但是仍然有一些大的厂商,比如意大利的加马雷利和它著名的红袜子,或者在装饰花样领域堪称专业的加洛品牌。在法国,很多生产商比如蓝森林(Bleu Forêt)或者labonal仍然存在。

颜色

在这个领域，您可以表现出自己的独具匠心。如果为了搭配西服套装，最简单的是买黑色的或者深蓝色的袜子搭配；买棕色的袜子搭配比较休闲的穿着。除此之外，您可以尽情享受袜子丰富的颜色和图案，甚至是双色的也可以。选择袜子的时候，尽量避免菱形的图案，那是专门用于运动的时候的，比如打高尔夫球时。如果您目前只是刚刚抛弃旧的白色运动袜，那么最好选择简单朴素的袜子。

穿戴

唯一和中筒袜搭配比较不合适的是窄腿裤，它们之间会因为有静电而贴在一起。窄腿裤无论羊毛的还是棉质的，穿着它坐一会儿裤管都会在离脚底 19—20 厘米的地方箍住小腿，因为它们的裤管都太窄了，就好像捆着腿一样。要知道，还有吊袜带，是一种男士专用的吊袜腰带，特别受美国人的欢迎，也被美国人称为"短袜吊带"（socks suspenders）。

那么白色袜子呢？

不要穿粗线的白色袜子，特别是与西装搭配的时候。白色粗线袜也不要与都市款的衣着穿戴搭配，否则将是一个特别可怕的缺乏品味的表现！留着它们，只是在打网球的时候穿吧。但是请注意，细线的白色袜子在美国是个标准，可以将它搭配莫卡辛鞋和奇诺裤，这在常青藤联盟或者从预科生的学院风角度来看，都还是经典的。肯尼迪总统他本人也曾穿着细线的白袜，搭配莫卡辛鞋在马撒葡萄园（martha's vineyard）度过了一个轻松的下午。因此，这是个个人风格的问题。

领带夹、打火机和钱夹

领带夹是另一个需要与腰带扣、袖扣的颜色相搭配的金属物件儿。这个配饰流行于二十世纪六十年代，现在又重新开始流行起来，它的好处在于当您动作的幅度和频率比较大时，它可以很好地固定住领带。比如，对于服务员来说，它是不可或缺的。

有些款式的领带夹上镶有各种不同的珠宝，比如钻石或者是其他贵重罕见的宝石。但请注意，也不要装饰太多。

打火机

有一个能够引起人注意的装饰，打火机使吸烟的人变得雅致潇洒。法国的圣·都彭公司以其生产的中国漆系列打火机而闻名。另外，也请选择一个这种风格的刻有您名字缩写的烟盒吧。

钱夹

钱夹是与绅士的穿戴相匹配的第三个金属物件。我们在登喜路家就可以买到这款商品，但遗憾的是，在欧洲没有小额面值的欧元纸币，不像在美国，钱夹可以夹住很多现金。在法国，只有 5 欧和 10 欧的纸币！

领带夹

打火机和钱夹

围巾和手套

围巾

如果围巾是羊毛、羊绒或者是牦牛毛质地的,那么这样的围巾在冬天可以使颈部保暖。围巾的图案和颜色实在太多了,可以供您自由选择。当然,一定要注意和您的衣着相搭配。如果您穿一套西服套装,那么选择一条深蓝色或是灰色的围巾吧,如果要搭配乡村风格的穿戴,最好戴棕色的围巾。您同样可以根据自己的心情挑选针织图案或者是印刷图案。

在夏天,最简单的是亚麻围巾或者是棉质围巾,它们能够和您的穿着相搭配。来自北非的大披肩目前也很流行,也可以用来搭配。

最后,白色或者是黑色的丝巾是专门留给晚上的,可以搭配礼服或者是燕尾服。

须知

请注意,围巾可以显示一定的社会阶级或者代表一个姿态,就像著名的红围巾,在某些政治场合是很受欢迎的。

手套

如今,手套已经不大使用了。但是,在冬天,为了御寒它们几乎必不可少。手套还可以避免细菌的传播,尤其是在接触公共交通工具的把手的时候。

● **制造**

通常情况下,手套是缝制的,然后把接缝隐藏在手套的内里。就做好的成品而言,这基本上是最优雅的版本。然后在手套贴着手指的那一层加上衬里。手套的衬里可以是丝质或者羊毛质地的,里衬可以更换。在外部缝制的手套按说是不需要加衬里的,您的手指是可以直接接触到手套的皮革。但是如今绝大多数的手套都是在外部缝制并且加了衬里,所以它们看上去比较粗大。这真令人遗憾,因为纤细对于手来说也是一种美。因此,空军为驾驶员制造的手套总是质量上乘的精品,这是为了让驾驶员在驾驶舱能够抓准那些精密的仪器。

● **材质**

光滑的皮革是最普遍使用的材质，这是一类。在这一级目录里，最普遍使用的皮料是"全粒"小牛皮，也就是未经过打磨的皮革，直接从一大块无缺陷的皮革上裁剪下来。牛皮广受青睐的原因是由于它很细腻，是做手套的理想材料，而羊皮经常供不应求。除此之外，大部分产品的原料都来自牛皮或者小牛皮，经常选择那种修正过的皮料，也就是在厚的地方重新剪裁。最后，猪皮是用来做质量下等的手套的。

翻面的皮子，或者绒面皮，这又是一个大类。它们有时候被叫做"麂皮"，或者"绒面革"，或者"磨砂皮"，这种材料是根据所找到的皮子的质量，用砂纸对皮料的背面（皮肉那一面）进行打磨。它的颜色比较深，通常和法兰绒一样搭配西服套装，特别受欢迎，但是用过一段时间之后就没有光滑的皮子那么好了。

还有一些手套是用其他皮料做成的——比如南美的野猪皮（南美的小野猪）或者是鸵鸟皮——通常可以带来精致细腻的感觉。

● **如何搭配？**

戴手套的原则很简单：手套的颜色应该和皮鞋的颜色类似，因此黑手套搭配黑皮鞋，棕色手套搭配棕色皮鞋。

● **颜色**

手套的颜色是多种多样的：灰色，深蓝色，红色等等。它可以和您的某种穿衣元素产生呼应，就像领带和鞋一样。

另外，有两种颜色的手套是特别典型的。白色棉质手套是专门给服务生或者是操作使用那些精密物件儿的人准备的。如果白色手套使用羊羔皮做成的，那是为了搭配燕尾服。至于黄油色手套（米白色的），倒是城市里的经典，有时候比黑色手套更容易被接受，因为黑手套太暗了，尤其是在婚礼的时候。

须知

法国最好的手套来自米洛小镇，在那儿还有几家历史悠久的生产最好产品的店铺，包括 Fabre、Causse 和 Lafabre Cadet.

一副手套

手表

特别讲究优雅的人往往也是手表的收藏者和爱好者。有了好车和雪茄,能运动的物件儿就成了绅士的第三大精神支柱。

怀表或者凸蒙怀表,是手表的始祖。因为有了表链,在怀表逐渐消失之前,在马夹兜里佩戴怀表的情况开始变得很普遍。裤子的怀表口袋也随之在发展,但是并未影响到马夹。从二十世纪三十年代开始,手表可以不再用这个口袋了。

按照惯例,手表是被戴在左手腕上的,即使对于左撇子而言也一样。左手戴表的人占到90%。要知道,如果手表戴在右手腕,因为您的右手臂承担的工作较多,活动得次数较多……因此就大大增加了您的手表被损坏、被划伤的可能性。

手表的表面主要是由金属制成的;可以被镀金或者镀银。表带应该是黑色的皮带如果您穿的是黑色的皮鞋。如果是休闲运动装扮,就佩戴棕色的表带,因为仍然要确保搭配的和谐一致,但是这就必然要求要有好几块手表……要知道,您可以选择皮质的蓝色表带,它可以搭配所有风格的穿戴!Swatch?手表没有皮质的表带,但是它有多重色彩,所以也不是不可以选择!

最后,金属表带现在很普遍。如果衣着是绝对的运动款,那么金属表带这么经典和精致的款式就不适合。但是,还是那句话,这是一个人的个人判断的问题。那些外壳和表带都是陶瓷的手表都是新款,这些手表往往过于华丽了……

手表和袖口之间的搭配

雨伞

如果下雨的时候,您穿的不是连帽衫而是西服套装,那么雨伞就是您的救星了。如今,中国出口大量的可以轻松放入工作帆布包里的小型伞具。这也许是最实用的选择,但是这已经不是它的本身目的了。

经典中的经典是带弯曲手柄的卷伞,这是英国典型的款式。最初是由木头、鲸骨(鲸伞的由来)和防水的丝绸布构成的,但这些材料早已经让位给现代的材料,尼龙和白铁皮。但是伞柄仍然用木头的。

所有种类的木材都可以用来做伞柄,从简单到奢华,梨花木、红木或者是粗糙的梨树。一些伞柄还包了皮革,在上边镶有铜环,可以刻写名字。

帆布伞应该是黑色的,也可以加一点点花样。但是要避免过于花哨的图案或者太多的标志,您不是三明治人。① 一些雨伞配有长的布袋⋯⋯但您也不用带着它。

其他的长伞,比如高尔夫伞,没有卷曲的手柄,但是也有一个木质的伞轴。这种伞就不要在都市里用了,一点儿也不时尚别致。

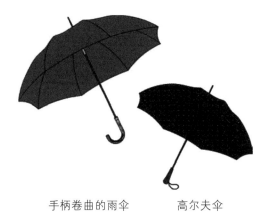

手柄卷曲的雨伞　　　　高尔夫伞

---

① 译者注,三明治人,指那些身体前后挂广告牌的人。

香水

　　确切地说,香水不能算作是一种配饰,但是它确实是可以使您的穿戴更加完善,并且使您在所到之处留下痕迹。香水能够表达您的心态和个性,它是您的标记。选择合适的香水是一项需要耐心的工作,只有那些上了年纪的先生们确切地知道哪种中调最适合他们。请不要用那种发行量很大的香水,因为当大家都用同一款香水的时候,就很难表达自己的个性了。

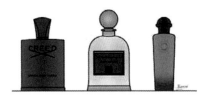

　　几个有经典款推荐的著名店铺
　　——信仰(le Franco-anglais creed):爱尔兰绿花呢(Green irish tweed)是一款在 1985 年创制的香水,所以它不是一个具有历史的伟大经典。它的味道:柠檬马鞭草,鸢尾花和紫罗兰叶。
　　——娇兰(Guerlain):香根草(vétiver),就是这个热带植物的名称,通过对这种热带植物的根的蒸馏处理而得到的木质的本质味道。这款香水诞生于 1959 年,味道很清新。香气:香根草,柑橘,鼠尾草,檀香和苔藓。
　　——迪奥(dior):狂野之水(eau sauvage),于 1966 年诞生,香水瓶子上的图标是由皮尔·卡丹设计的。香气:柠檬,鼠尾草和罗勒。
　　——爱马仕(hermès):雪白龙胆(Gentiane blanche),男女皆宜的一款古龙水。至今看来仍然是一个简单的经典之作;体现着谨慎和精致。香气:龙胆草,香,麝香。

　　——刚刚起步的基利安(Kilian):绿色苦艾酒(absinthe verte),这款香水主要由薰衣草构成,其精华的香味可以留香长久! 是一款必备的香水。味道:薰衣草,天竺葵,玫瑰,龙涎香。
　　——英国品牌潘海利根(Penhaligon's),布伦海姆(Blenheim)自 1902 年起进入到绅士的世界。这款香水是为温斯顿·丘吉尔的祖父创制的。味道:柑橘,松木,花椒。

一些有用的网址

Albert Thurston
英国最好的背带
网址：www. albertthurston. com

Atelier Cattelan
量身定制的皮带，价格适中
地址：128，rue de
Grenelle - 75007 Pairs
网址：www. cordonnier-haute-couturechau
sseur-sur-mesure. com

Bates
提供了众多经典款帽子的选择
Chez Hilditch & Key
地址：252，rue de Rivoli - 75001 Paris
网址：www. bates-hats. com

Bleu Forêt
一家仍然在生产经营的法国袜子企业品牌
网址：www. bleuforet. fr

Doré Doré
法国袜业
网址：www. dore-dore. fr

Les parapluies de Cherbourg
质量很好的产品
网址：www. parapluiedecherbourg. com

Maison Lafabre Cadet
非常传统的手套
网址：www. lavabrecadet. com

Mes chaussettes rouges
加马雷利的进口商和
马萨林的创造者，品质
精良
地址：9，rue César-Franck -
75015 Paris
网址：www. meschaussettesrouges.
com/fr/

Pauline Brosset
是仅有的几家量身定
制、价格适中的制帽商
地址：43，rue Volta -
75003 Paris
网址：http://chapellerie-pauline
brosset.
tumblr. com/

S. T. Dupont
法国顶级的打火机、圆
珠笔和袖扣，精品中的
精品
地址：58，avenue Montaigne -
75008 Paris
其他地址请访问

网址:www. st-dupont. com

Tissot

性价比卓越的瑞士精

致手表

地址:76，avenue des Champs-é

lysées

75008 Paris

其他地址请访问

网址:www. tissot. ch

参考书目

LLIO Loïc，Boutons，Seuil，Paris，2001.

● ANTONGIAVANNI Nicholas，*The Suit*：*A Machiavellian Approach to Men's Style*，HarperBusiness，Londres，2006.

● BAUDOT Francis，*L'Allure des hommes*，*Assouline*，Paris，2000.

● BAUM Maggy et BOYELDIEU Chantal，Le Dictionnaire des textiles，Du Paillé，Lille，2002 - 2006.

● BIRNBACH Lisa，*The Official Preppy Handbook*，Workman Pub Co，New York，1980.

● BOYER Bruce，Elegance：*A Guide to Quality in Menswear*，norton & Co，New York City，1987.

● BOYER Bruce，*Eminently Suitable*，Norton & Co，New York City，1990.

● BOYER Bruce，*Le Style Fred Astaire*，Assouline，Paris，2005.

● BRUYèRE Geoffrey et WOJTENKA Benoît，Le Guide de l'homme stylé... même mal rasé，Pyramid Éditions，Paris，2013.

● CALLAHAN Rose，*I Am Dandy*，Gestalten Verlag，New York，2013.

● CHENOUNE Farid，*Brioni*，*Assouline*，Paris，1998.

● CHENOUNE Farid，*Des modes et des hommes*：*deux siècles d'élégance masculine*，Flammarion，Paris，1993.

● DARWEN James，*Le Chic anglais*，Hermé，Paris，1990.

● ESQUIRE，Collectif，*The Handbook of Style*，Hearst，new York，2009.

● FLUSSER Alan，*Clothes and the Man*：*the Principles of Fine Men's Dress*，Random House，New York City，1988.

● FLUSSER Alan，*Dressing the Man*：*Mastering the Art of Permanent Fashion*，HarperCollins，Londres，2003.

- FLUSSER Alan, *Style and the Man*, HarperCollins, Londres, 1999.
- GIANNINO Malossi, *Apparel Arts: Fashion is the news*, Gruppo GFT, turin, 1989.
- HACKETT Jeremy, *Mister Classic*, Thames et Hudson, Londres, 2008 (réédition).
- HAYASHIDA Teruyoshi, *Take Ivy*, Power House Book, New York City, 2010 (réédition).
- LIAUD Jean-Noël et PIZZIN Bertrand, *Boutons de manchettes*, Assouline, Paris, 2002.
- LOOS Adolf, *Why a Man Should Be Well-Dressed*, Metroverlag, Vienne, 2011.
- MCDOWELL Colin, *Histoire de la mode masculine*, La Martinière, Paris, 1997.
- MACLEAN Charles et MCALLISTER David, *Little Book of Clans and Tartans*, Appletree Press, Belfast, 1997.
- MARSH Graham, *The Ivy Look: Classic American Clothing - An Illustrated Pocket Guide*, Frances Lincoln Publishers Ltd, London, 2010.
- MULLER Florence et DESLANDRES Yvonne, *Histoire de la mode au XXe siècle*, France Loisirs, Paris, 1986.
- O'BRIEN Glenn, *Le Guide du parfait gentleman*, Michel Lafon, Paris, 2011.
- PASTOUREAU Michel, *L'Étoffe du diable : Une histoire des rayures et des tissus rayés*, Seuil, Paris, 2007.
- PASTOUREAU Michel et SIMONNET Dominique, *Le Petit Livre des couleurs*, Points, Paris, 2007.
- RICHARD Thierry, *Paris pour les hommes*, Le Chêne, Paris, 2011.
- ROETZEL Bernhard, *L'Éternel masculin*, Konemann Verlag, Hagen, 1999.
- SCHIFFER Daniel Salvatore, *Le Dandysme, dernier éclat d'héro?sme*, PUF, 2010.
- SCHUMAN Scott, *The Sartorialist*, Penguin, new York, 2009.
- SHERWOOD James, *Savile Row*, L'éditeur, Paris, 2010.
- SHERWOOD James, *the Perfect Gentleman*, thames et Hudson, Londres, 2012.
- SOTHEBY'S, *Catalogue de la vente des biens du duc et de la duchesse de Windsor, Sotheby's publishing*, Londres, 1998.
- TEMPEL Gustav, *Le Manifeste chap*, Points, Paris, 2013.

索引

图书在版编目(CIP)数据

法国男人这么装:绅士穿搭法则/(法)斯卡维尼著;盛柏译. —上海:上海三联书店,2016.8
ISBN 978-7-5426-5568-4

Ⅰ.①法… Ⅱ.①斯…②盛… Ⅲ.①男性-服饰文化-法国
Ⅳ.①TS941.12

中国版本图书馆 CIP 数据核字(2016)第 095156 号

法国男人这么装:绅士穿搭法则

著　　者 / [法]朱利安·斯卡维尼

译　　者 / 盛　柏

责任编辑 / 彭毅文

装帧设计 / 陈志皓

监　　制 / 李　敏

责任校对 / 张大伟

出版发行 / 上海三联书店

　　　　　(201199)中国上海市都市路 4855 号 2 座 10 楼

网　　址 / www.sjpc1932.com

邮购电话 / 021-22895557

印　　刷 / 江苏常熟人民印刷有限公司

版　　次 / 2016 年 8 月第 1 版

印　　次 / 2016 年 8 月第 1 次印刷

开　　本 / 787×1092　1/16

字　　数 / 200 千字

印　　张 / 14

书　　号 / ISBN 978-7-5426-5568-4/G·1425

定　　价 / 68.00 元

敬启读者,如发现本书有印装质量问题,请与印刷厂联系 0512-52601369